"十四五"普通

信息交互设计

XINXI JIAOHU SHEJI

刘玉磊　马艳阳◎主　编

中国纺织出版社有限公司

内 容 提 要

本书是贯通理论、方法与实践的综合性教材，以信息为核心，系统构建从信息认知到交互落地的完整知识体系。内容以"信息—感知—交互"为主线，深入探讨信息交互设计的发展脉络、设计理论、流程方法以及演进趋势，包括信息及其传播、信息感知与交互设计、交互设计的发展、有效性和易用性、交互设计的流程和方法、信息交互中的设计导则、交互原型的设计，为读者呈现信息交互设计的全局视角与创新路径。

本教材适合作为高校交互设计、数字媒体、产品设计、艺术与科技等专业的教材，为学生提供从认知基础到实战应用的系统知识。同时，可供产品经理、用户体验设计师及开发者参考，助力跨职能团队在复杂场景中实现用户价值与技术可行性的协同创新。

图书在版编目（CIP）数据

信息交互设计 / 刘玉磊，马艳阳主编 . -- 北京 ：中国纺织出版社有限公司，2025. 8. --（"十四五"普通高等教育本科部委级规划教材）. -- ISBN 978-7-5229-2740-4

Ⅰ. TB18

中国国家版本馆 CIP 数据核字第 20254DP541 号

责任编辑：华长印　许润田　　责任校对：寇晨晨
责任印制：王艳丽

中国纺织出版社有限公司出版发行
地址：北京市朝阳区百子湾东里A407号楼　邮政编码：100124
销售电话：010—67004422　传真：010—87155801
http：//www.c-textilep.com
中国纺织出版社天猫旗舰店
官方微博 http：//weibo.com/2119887771
天津千鹤文化传播有限印刷　各地新华书店经销
2025年8月第1版第1次印刷
开本：787×1092　1/16　印张：9.5
字数：200千字　定价：59.80元

信息交互设计是连接人类与数字世界的核心桥梁，随着人工智能、物联网、虚拟现实等技术的普及，信息传播的方式与用户行为的模式正在发生深刻变革。信息交互设计不仅是技术与艺术的结合，更是用户需求、商业目标与社会责任的平衡。信息交互设计正逐步从单一的功能转向多维度、多利益相关方的协同创新。它不仅关乎用户体验的优化，而且影响着数字产品的商业价值与社会意义。

信息交互设计属于跨学科领域，起源于人机交互（Human-Computer Interaction，HCI）研究，旨在通过优化人与数字系统之间的互动方式，提升用户体验并创造更大的社会价值。其理论基础融合了认知心理学、信息科学、设计学与计算机科学等多学科知识，随着技术的演进，信息交互设计从传统的图形用户界面（Graphical User Interface，GUI）逐步扩展到语音交互、触觉反馈、生物识别等多模态交互方式，形成了更为丰富的设计范式。

本书旨在为读者提供系统性、实用性与启发性的信息交互知识框架。全书以信息为核心，围绕用户感知、设计演进与设计实践展开，内容涵盖信息交互设计的基础理论，交互设计的历史脉络、有效性和易用性，交互设计流程与方法，设计导则及交互原型等，力求为信息交互设计的学习与研究提供全面指导，为读者呈现信息交互设计的全局视角与创新路径。

本书由刘玉磊、马艳阳主编，感谢四川农业大学研究生苏小涵、张曦云、赵雯、李佳纹、徐新怡、程子怡、蒋冰雯、熊若媚、张怡然、何钰杉、唐书慧、李韫珍参与编辑工作，感谢四川师范大学魏荣莉、何渭、廖紫璇、蒋佩玲、周凤、张子棋、陈亚男、沈瞻琦、张婧雯参与本书第二轮整理工作。此外，本书的部分配图使用了以下同学的设计案例：四川师范大学桂曼凌、谭颖捷、刘雨、孙萌萌、赵子涵、王煜嘉、时也涵、王雨晨、周凤、李佳敏同学，四川农业大学资欣然、邵杨珂莹、唐凤婷、赵天琪同学，在此对他们的贡献表示衷心感谢！

目录

第1章
信息及其传播

1.1　信息

1.1.1　信息概述

随着人类社会发展，信息作为一种基本元素贯穿于人类文明进程，从单一声音信号的简单传递，逐步演变为复杂文字系统，最终跻身计算机时代。这强调了信息在推动文明发展的进程中作为持续力量。为了更深刻地理解信息的本质，信息论成为关键的工具之一。它不仅为我们提供了量化和理解信息的手段，还引入了比特（bit）的概念，将信息量化为二进制单位，这一转换使得机器能够准确地测量、传递和处理信息，为信息科学奠定了坚实的基础。

克劳德·香农（Claude Shannon）被称为"信息论之父"。人们通常将香农于1948年10月发表于《贝尔系统技术学报》上的论文《通信的数学理论》（*A Mathematical Theory of Communication*）作为现代信息论研究的开山之作。在该文中，香农给出了信息熵的定义，而信息论则是一门用数理统计方法来研究信息的度量、传递和变换规律的科学。

信息论的核心理论涉及多个概念。首先，信息论将信息看作一切的基本元素，并用比特来量化，比特是信息论中的基本单位，用于度量信息的数量。这种量化方式使得我们可以抽象和测量世界上的各种现象，从基本粒子的运动到社会的互动。其次，信息论强调信息的传递和交互。世界中的各种系统和元素通过信息的传递和交互产生相互影响。再次，信息熵是信息论中的一个关键概念，用于衡量一个系统的不确定性和复杂性。世界的复杂性和不确定性可以通过信息熵的概念来解释，即高熵表示高度复杂和多样的状态。此外，信息论还包括信息的储存和处理，如纠错编码和压缩编码等方法。在世界层面，这可以理解为自然系统和人类社会通过各种机制存储和处理信息，以适应环境的变化和发展。最后，信道容量表示在通信中传输信息的极限速率。其可以类比为世界中各种元素之间信息传递的极限速率，即不同部分之间的最大互动速率。

综合来看，信息论的核心理论为我们提供了一套量化和理解信息的工具，信息不仅是文明进程的推动力，也是构建和理解世界的关键元素。信息时代为我们提供了全新的视角，使我们能够审视信息在人类演化和社会发展中的根本作用，也为我们提供了理解世界新维度的方法。在本书中，我们将深入探讨信息的重要性。

1.1.2　信息的种类

根据信息的来源和产生背景，可以将信息划分为自然信息和社会信息（图1-1）。其中，自然信息源自自然环境，是与自然界的物质、能量和规律有关的信息。自然信息包括但不限于地球的物理特性，生物的行为，气象、地质等各种自然现象。这种信息是宇宙中固有的、存在于自然界的基础信

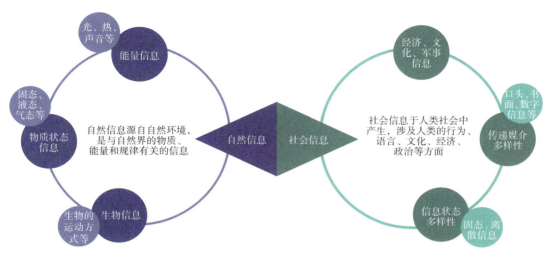

图1-1 信息的种类及多元性表现

息。而社会信息则是人类社会中产生的，涉及人类的行为、语言、文化、经济、政治等方面。社会信息是在人类社会发展过程中，由人类的互动、交流和活动产生的，它反映了人类社会的结构和运动。

自然信息的多元性主要体现在以下三类（图1-2）。首先，能量信息是自然界的基本元素之一。这种信息以多种形式存在，其中光、热、声音等形式的能量信息是自然界中不可或缺的组成部分。例如，太阳光的能量传递为地球提供光照和温暖，而声音传递则是生物沟通和感知环境的关键方式。其次，物质状态信息呈现了自然环境中物质的多变性和复杂性。这种信息涉及物质在不同条件下呈现的状态，包括固态、液态、气态等。地壳中的矿石、水的不同状态，以及大气中的云雾等都是物质状态信息的体现。最后，生物信息关联着生态系统和生物体的运行机制，包括生物的运动方式、生存指令以及与环境的互动等。例如，动物的迁徙、植物的生长周期以及生物之间的相互作用都是生物信息的体现。这一类信息揭示了生态平衡和生物多样性在自然界中的重要性，也反映了生命体系的精密调控和互动关系。

社会信息的多元性涵盖多个方面（图1-3）。首先，基于活动领域的分类呈现了社会信息在不同领域中的丰富性。经济信息，关联着资源分配和市场运作；政治信息，涉及国家和社会的治理机制；文化信息，反映着社群的价值观念和传承；军事信息，关乎国家安全和防卫。这一类信息的多元性展示了社会

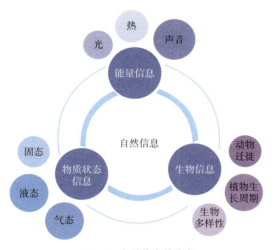

图1-2 自然信息的分类

结构的复杂性，各个领域相互交织共生，共同构建着社会的多层次体系。其次，基于传递媒介的分类揭示了社会信息传播的多样性。口头信息通过言语传达，书面信息则通过文字呈现，数字信息则以数字形式进行传递。每一种传递媒介都承载了独特的信息特征，如口头信息强调言辞的表达和语音的交流，书面信息注重文字的准确和图文的展示，数字信息则侧重于信息的量化和数字化处理。这种分类方式反映了社会信息传播途径的多样性，各自适应于不同的沟通场景和需求。最后，信息状态也是多变的。固态信息依赖于语言文字等传播载体，能够被传播和复制，但不能创造信息。与之相反，离散信息可分解为单一信息因子，能够运动、重组和变异，实现信息的增殖。这一分类揭示了信息状态的多样性，同时强调了信息的动态性和变化性。

以上分类角度强调了信息的源头和产生环境，将信息划分为在自然环境和人类社会环境中产生的两个大类，不仅有助于理解信息的本质，也有助于研究和应用信息在自然和社会系统中的不同特征。

1.1.3　信息的特征

信息，指音讯、消息、通信系统传输和处理的对象，泛指人类社会传播的一切内容。信息特征即信息的属性和功能，从信息论、通信学到社会学和认知科学，各个学科为我们揭示了信息的多层面属性。这一小节将深入探讨信息的特征，包括其载体依附性、价值性、时效性、共享性、真伪性、普遍性、传递性等（图1-4）❶。通过对信息特征的全面审视，我们能够更好地理解信息在不同环境中的特点和作用。

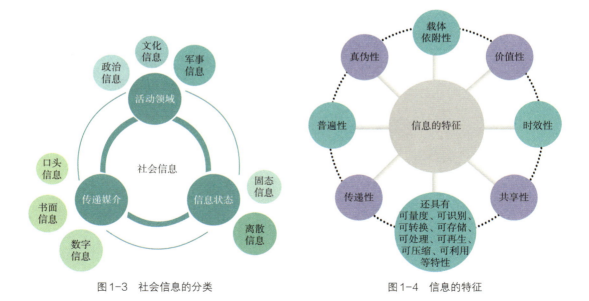

图1-3　社会信息的分类　　　　　　　图1-4　信息的特征

---

❶ 侯金川，杨良全. 信息的物理特性研究——物质、能量、信息统一论（一）［J］. 图书馆，1995（1）：20-25.

（1）载体依附性

信息必须依附于一定的物质或能量载体方可存在，如信息需要通过文字、语言、图像形式等。

（2）价值性

信息是有价值的，其价值的高低取决于信息接受者的需求和背景。一个及时、准确的信息对于解决问题、指导行动或推动创新可能具有显著的价值，但如果信息与接受者的需求背道而驰，其价值就会相对降低。因此，信息的价值具有主观性和相对性。

（3）时效性

信息具有生命周期，同一则信息随着时间推移，其价值性和适用性可能会发生变化。这是社会、科技、经济等方面的不断演变，以及人们对信息的需求随时间而变化所引发的。

（4）共享性

信息的可复制性和可传递性使其可以被多个接受者获取并加以利用，具有广泛传播的特点。

（5）真伪性

并非所有的信息都是对事物的真实反映，存在真假之分。包括信息来源的可信度、传递过程中的失真、编造和篡改程度，以及接收者的主观判断。

（6）普遍性

信息无时不有、无处不在。这一特点强调了信息普遍分布于日常生活的各个领域中。

（7）传递性

信息可以通过各种媒介跨越地域和时间来传递，这打破了空间和时间的限制。

除了上述特征外，信息还具有可量度、可识别、可转换、可存储、可处理、可再生、可压缩、可利用等特性。信息的可量度性体现在它可以用量化的方式进行度量，例如通过二进制编码进行量化表示。信息的可识别性表明信息可以通过直观、比较和间接的方式被辨识和认知。信息的可转换性指的是信息可以被转换成语言、文字、图像等形式。信息的可存储性表示信息可以被储存在各种媒介中以备后续使用。信息的可处理性表明信息可以通过人的分析和处理而产生新的信息，从而实现信息的增殖。信息的可再生性表示信息在经过人工处理后，可以以语言或图形等方式再生成信息。信息的可压缩性表明信息可以通过各种手段进行压缩，以便更高效地存储和传递。最后，信息的可利用性是指信息具有被利用于决策、设计、研究等活动的潜在价值。这些特征共同构成了信息的多维度属性，反映了信息在各个层面上的复杂性和多样性。

1.1.4 信息的传播途径

在人类社会中，根据信息传播载体和媒介的不同，可以将信息的主要传播途径分为人与人和人与物两种（图1-5）。其中人与人这一传播途径强调人际关系互动和情感因素，比如口口相传、社交网络、面对面交流等。传统的口碑传播和现代社交网络传播都属于这一类别，突显了信息在人际关系中的传递和影响。而人与物这一传播途径涉及范围更广，信息通过技术或物理媒介、视觉、声音等传达。其中技术媒介包括数字媒体平

图1-5　信息的主要传播途径

台、智能通信设备、大数据和人工智能等技术工具，它们的存在提供了多元化、高效率的信息传播方式，强调了信息的数字化、网络化和个性化，使信息能够更广泛地传播并适应不同的传播环境和受众需求。物理媒介是指用于传播信息的实体物体，常依赖图像、图表等可视化手段，以视觉方式呈现信息并吸引人们的目光来传达信息，如广告牌、标识、海报、交通标志、地标等。声音传播则通过语音、音频等方式表达信息，这种途径考虑到人类感知和感官的特性，使得

信息能够以更直观、生动的方式传递。

人与人和人与物这两个层面代表了信息传播的不同方面和渠道，这种分类方式有助于更全面地理解信息传播的多样性，同时反映了信息传播在不同领域和环境中的可变化性和可选择性。

1.1.5　信息产品

在信息社会中，信息产品作为重要的经济活动成果之一，呈现出丰富多彩的特性和形态。对信息产品内容进行梳理和学习，有助于深入探讨信息设计的发展趋势和应用前景。信息产品是在信息化社会中产生的一种以信息为原料，以传播、整合、利用信息为核心的服务性产品，其类型繁多，可根据不同标准对其分类（图1-6）。

首先，根据信息与物质载体的关系，可将其分为有形信息产品和无形信息产品两大类。有形信息产品需要依附于物质载体而存

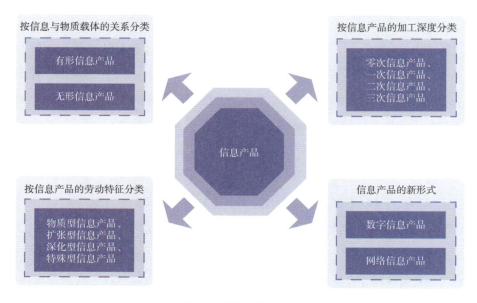

图1-6　信息产品的分类

在，如书刊、音像制品等；而无形信息产品不依附于固定物质载体，可脱离载体存在，如口头信息、广播电视服务等。

其次，按照信息产品的加工深度，可将其划分为零次信息产品、一次信息产品、二次信息产品和三次信息产品等。零次信息产品是未经加工的信息，是最初级的形态；一次信息产品经过科学研究而得到，如专著、论文等；二次信息产品是对一次信息产品进行编排、整理得到的产品，如文摘、索引等；三次信息产品是在二次信息产品的基础上进一步综合、浓缩得到的，如综述、述评等。

再次，根据信息产品的劳动特征，可以将其划分为物质型信息产品、扩张型信息产品、深化型信息产品和特殊型信息产品。物质型信息产品是通过印刷等方式得到的产品，如书刊；扩张型信息产品不断拓宽信息内容和范围，增加信息含量，如数据库；深化型信息产品对同一内容不断深入加工、增加信息量，如研究报告、学术论著；特殊型信息产品的信息内容随载体变化，如工艺品。

最后，随着数字化和网络化的发展，数字信息产品和网络信息产品成为信息产品的新形式，具有不易被破坏、成本低、可充分共享等特点。随着科技的发展和社会的进步，信息产品的形式和功能也在不断地演变和完善，为人们的生活和工作提供了更多的选择和便利。

总之，信息产品内容多样，涉及不同领域，其信息含量远远超过了传统物质产品，是信息化社会中不可或缺的重要组成部分。

1.2 信息设计的发展

1.2.1 信息设计的发展脉络

随着互联网时代的快速发展，社会信息化程度不断加深，信息发送量和需求量迎来了爆发式增长。近年来，全球范围内创建、捕获、复制和消费的信息数据总量不断上升，但人的大脑一天所能负荷的信息量不超过34GB[1]。因此，社会面临着信息过载、信息污染、信息侵犯等风险，个体因信息焦虑而产生的压力也在日益加剧。作为以信息为对象的设计活动，信息设计对于缓解上述问题有着巨大潜力。

信息设计是近年来设计领域中备受关注的新兴专业，这体现出信息技术与设计技术正在深度融合和交叉发展。然而，作为一种方兴未艾的专业，"信息设计"尚未形成完全统一的解释，或者说，它正处于一个发展中的、尚未完全形成明确边界的意义集合过程[2]。

现代信息设计起源于18世纪的制图学（Cartography）。Clarke等[3]认为，信息设计可

[1] BOHN R, SHORT J E. Measuring Consumer Information [J]. International Journal of Communication, 2012（6）: 980-1000.
[2] 胡飞, 叶震宽. 信息设计的概念与方法研究 [J]. 包装工程, 2022, 43（10）: 54-65, 79.
[3] CLARKE K C, JOHNSON J M, TRAINOR T. Contemporary American Cartographic Research: A Review and Prospective [J]. Cartography and Geographic Information Science, 2019, 46（3）: 196-209.

追溯到1786年被誉为"现代图表之父"的普莱费尔（Playfair）创造的线型图、条状图和饼状图，通过将客观数据抽象为几何元素，简洁直观地呈现了事物在时空维度中的变化规律。18世纪50年代，约翰·斯诺（John Snow）绘制了一张位置图，图中标示出了得霍乱的人的所在位置，并通过该图表找到了霍乱疫情源头所在。Lankow等❶认为，在19世纪50年代，弗洛伦斯·南丁格尔（Florence Nightingale）以信息图展示了克里米亚战争期间英军死亡的原因。19世纪60年代，查尔斯·约瑟夫·米纳德（Charles Joseph Minard）绘制了拿破仑东征莫斯科的信息图表。20世纪中期，为了提高传达的流畅性，信息呈现形式得到不断丰富。在现实主义和装饰艺术风格的影响下，Haroz等❷在1940年建立了国际图画文字教育体系（International System of Typographic Picture Education，ISOTYPE），产生了以一系列非文字的象形符号为载体的庞大信息图表。随着符号学研究转向结构主义，图画演变为更加简洁抽象的符号元素，并影响着现代公共空间的标识设计。得益于计算机图形学的发展，信息媒介突破了静态二维平面的束缚，逐步迈向三维化和动态化❸。

1978年麻省理工学院可视语言工作室建立，其侧重开发虚拟交互内容，成为了界面设计的转折点❹。20世纪末，为满足第三次工业革命对设计方法标准化和结构化的需求，信息设计的学科建设被提上日程。1979年英国平面设计师联手创办了 Information Design Journal，Tegram首次提出了信息设计的概念。1982年Tufte❺出版了首部信息设计著作 The Visual Display of Quantitative Information，率先将美学观念引入统计图表设计，奠定了信息呈现的视觉化基础。信息设计不再只是陈述客观存在，还要能够表达作者对陈述对象的主观态度。1984年在沃曼（Wurman）组织的首届TED（Technology，Entertainment，Design）国际会议上，信息设计学科正式确立，成为涵盖制图学、符号学、计算机图形学、设计学、传播学的综合性学科。1991年英国信息设计协会（Information Design Association）成立后，进一步加大了对信息设计的推广力度，促进了跨领域合作❻，使信息设计的研究内容和方法更加复杂，学科边界进一步被消解。

1.2.2　信息设计的定义

随着对信息设计研究的逐渐深入，各领

❶ LANKOW J, RITCHIE J, CROOKS R. Infographics: The Power of Visual Storytelling［M］. New Jersey: John Wiley & Sons, 2012.
❷ HAROZ S, KOSARA R, FRANCONERI S L. Isotype Visualization：Working Memory, Performance, and Engagement with Pictographs［C］//ACM. CHI 2015: Proceedings of the 33rd Annual CHI Conference on Human Factors in Computing Systems, 2015.
❸ WARD M O, GRINSTEIN G, KEIM D. Interactive Data Visualization：Foundations, Techniques, and Applications［M］. Boca Raton: AK Peters CRC Press, 2015.
❹ 欧格雷迪·简，欧格雷迪·肯. 信息设计［M］. 郭瑀，译. 南京：译林出版社，2009.
❺ TUFTE E R. The Visual Display of Quantitative Information［M］. Cheshire: Graphics Press, 2001.
❻ JACOBSON R E, JACOBSON R. Information Design［M］. Cambridge: MIT press, 2000.

域学者从不同角度对信息设计进行了定义和　　阐释，相关内容的梳理见表1-1。

表1-1　信息设计定义脉络梳理

时间	提出者	定义脉络
1978	Easterby R. S., Zwaga H. J. G.	在北约信息可视化会议上提到了信息设计的利益相关群体，譬如平面设计师、工业设计师和印刷师等❶
1983	Marsh P. O.	讨论了如何实现"有效的信息设计"，他明确区分了艺术方法和设计方法在目标上的不同❷
1990	Keller C.D., Meader B., Mann D.	认为信息设计是一个关注用户对书面和视觉呈现信息的理解与反应的领域❸
1994	Peter Nongos	提出信息设计是带有特定目标的过程
1997	国际信息设计学会（IIID）	指出信息设计是对信息内容及其呈现环境的定义、规划和塑造，特别关注图形信息设计克服社会和语言障碍的潜力❹
1998	Lune Peterson	提出信息设计的目标是为了满足目标受众的信息需要，实现对信息内容、信息语言和信息形式的分析、策划、表达和理解❺
1999	Horn R.E.	提出人们能够有效地用于信息处理的艺术和科学❻
2000	Redish J.C.G.	认为狭义的信息设计即信息在页面或屏幕上的呈现方式，是广义信息设计过程的一部分❼
2001	Shedroff N.	认为信息设计是对数据的组织呈现：将其转化成有价值和意义的信息❽
2005	Burmester M., Gerhard D., Thissen F.	指出信息设计是对信息清晰、有效的呈现，通过跨学科途径达到交流的目的❾
2008	March S. T., Storey V.C.	认为信息设计是多个学科的交集，且响应了人们理解和使用各类事物的需求❿

---

❶ EASTERBY R S, ZWAGA H J G. Information Design: The Design and Evaluation of Signs and Printed Material［J］. John Wiley & Sons, 1984, 45（3）：21-22.

❷ MARSH P O. Messages that Work: A Guide to Communication Design［M］. Los Angeles: Educational Technology, 1983.

❸ KELLER C D, MEADER B, MANN D. Redesigning a Telephone Bill［J］. Information Design Journal, 1990, 6（1）：45-66.

❹ International Institute for Information Design. What is Information Design?［M］. London: The Republic of Information, 1998.

❺ 鲁晓波. 飞越之线——信息艺术设计的定位与社会功用［J］. 文艺研究，2005（10）：122-126.

❻ HORN R E. Information Design: Emergence of a New Profession［M］. Cambridge: The MIT Press, 2000, 15-33.

❼ REDISH J C G. What is Information Design?［J］. Technical communication, 2000, 47（2）：163-166.

❽ SHEDROFF N. Experience Design［M］. New York: New Riders Press, 2001.

❾ BURMESTER M, GERHARD D, THISSEN F. Digital Game Based Learning［C］// Stuttgart Media University. Proceedings of the 4th International Symposium for Information Design, 2005.

❿ MARCH S T, STOREY V C. Design Science in the Information Systems Discipline：An Introduction to the Special Issue on Design Science Research［J］. MIS quarterly, 2008，32（4）：725-730.

时间	提出者	定义脉络
2009	Schuller G.	指出信息设计是将复杂的数据转换成二维视觉的呈现，旨在交流和保存知识，负责将完整事实及其相互关系变得易于理解❶
2014	Prat N., Comyn-Wat-tiau I., Akoka J.	提出包容性设计或移情设计，既指信息的有效呈现形式，又指应用于信息交流的设计过程，也指呈现信息的技巧与实践❷
2019	Bergemann D., Morris S.	提出如何运用信息设计选择玩家需要的信息，进而影响玩家的个人最佳行为❸

尽管对信息设计的研究未曾中断，但它几乎没有发展出独特的研究理论。针对信息设计多学科、多领域的特点，可将其大致定义为：信息设计是一门综合利用图形设计、用户体验、交互设计等多领域知识，旨在优化信息传达、提升用户体验的设计学科，其目标是通过有效而美观的方式，呈现和组织信息，以便用户更轻松、快速地理解和利用信息。这包括各种媒体形式，从传统的印刷品到数字媒体，以及用户与设备之间的界面设计。信息设计旨在创造清晰、易懂、有吸引力的信息呈现方式，以满足用户的信息需求。

1.2.3　信息设计观念发展概述

广义上，信息设计的历史就是信息革命的历史。信息设计以信息量增长为发展动因，反映了人类社会对信息处理、贮存、传递及呈现的变革。

最初，在原始社会中，信息传递主要依赖于口头传统、图画符号以及符木等简单的信息媒介。这一时期，语言、图画和符号被认为是主要的信息载体，它们不仅满足了社会的基本需求，如狩猎、农业生产，还在社会组织和文化传承中扮演着关键的角色，在这个阶段，信息传递的目的主要是满足人类基本的生存需求，强调口头传统、符号和图画的重要性。在农业社会中，造纸术与印刷术增强了人类对于事物信息的理解和整体把握能力。信息交互方式的发展由面对面的方式逐渐演进为基于文字书写行为产生的面对面分离之形式，信息交互方式的演进使得信息发送者与接受者不再需要局限于同一时间、地点来完成信息交互行为❹。

随着工业革命的兴起，信息交互行为变得更加复杂和多样。在工业社会，人类在以往进行信息双向交互过程中所面临的信息不确定性、地域局限性、低效率性得到了很大

❶ SCHULLER G. Information Design［M］. New York: Aiga, 2007.
❷ PRAT N, COMYN-WATTIAU I, AKOKA J. Artifact Evaluation in Information Systems Design Science Research? —A Holistic View［J］. PACIS, 2014, 23: 1-16.
❸ BERGEMANN D, MORRIS S. Information Design: a Unified Perspective［J］. Journal of Economic Literature, 2019, 57（1）: 44-95.
❹ MARK P. The Mode of Information［M］. Chicago: The University of Chicago press, 1990: 27.

程度的改善，信息传播的价值与重要性越来越得以显现。电话、电报、广播及电视等这些足以载入人类文明史的伟大发明缩短了人与人之间的距离，加快了社会的运行节奏，提高了人们信息沟通的效率。以电子设备作为媒介的信息交互方式已成为社会的主流，其具有很鲜明的准确、高效特点，社会的主流信息交互方式已经不再受到时间、空间等传统因素的限制❶，且工业化带动了商品经济的兴起。因此，这一时期的信息设计开始关注如何通过标志、广告等手段传递更具商业价值的信息，以满足不断增长的市场需求。

当今社会，数字技术的快速发展对信息传递方式产生了深远的影响。第三次工业革命的成熟和第四次工业革命的兴起使得信息设计进入了全新的阶段。互联网、社交媒体、移动应用等数字技术催生了全球化的信息传播，打破了时空的限制，使信息得以快速传递。大数据、人工智能等新技术的涌现为信息设计提供了更多可能性，使得信息的传递变得更加个性化和智能化。信息设计观念逐渐注重用户体验、个性化服务和智能化交互，致力于为用户提供更便捷、精准、符合个性化需求的信息体验。这一时期，信息设计已经超越了单一媒介，拓展到多领域的交互设计、用户界面设计等领域，为数字时代的信息传递注入了新的活力和创意。

人类社会中，信息设计随着时间的推移经历了三个重要的演进阶段：原始及农业社会的信息设计、工业社会中的信息设计、信息社会中的信息设计。这三个阶段是从原始社会到数字社会不断演进的过程，以揭示信息设计如何随着时代的推移而不断演进，塑造着我们对信息的认知和传达方式。从简单的口头传统到印刷术的革新，再到数字技术的崛起，每个阶段都为信息设计的理念和应用带来了新的挑战和机遇。

1.3　互联网时代信息的特点和传播变革

1.3.1　互联网时代信息的特点

随着互联网的迅猛发展，信息的传播方式和特征发生了深刻的变革，呈现出一系列显著的特点，塑造了当代社会的信息环境（图1-7）。

（1）超时空性

互联网的突出特点之一是超时空性，即

图1-7　互联网时代信息的特点

❶ 王佳. 信息场的开拓：未来后信息社会交互设计［M］北京：清华大学出版社，2011.

信息传播的无边界化。通过网络平台，信息能够瞬间跨越地域和时区，突破时间和空间的限制，实现即时传递。这使用户可以在任何时间、任何地点获取所需信息，打破了传统媒体的时空限制，构建了一个高度互联的信息网络。

（2）交互性

与过去单向传播的传统媒体不同，互联网信息具有强大的交互性。用户不再只是被动接收信息的观众，而是参与信息生产、分享和讨论的主体。例如，社交媒体、博客、在线评论等平台为用户提供了表达观点、互动交流的空间，形成了多向、开放的信息传播格局。

（3）复合性

互联网时代的信息呈现方式更为多样和复合。文字、图片、音频、视频等多媒体元素交织在一起，形成更为丰富和立体的信息表达形式。这种复合性不仅丰富了信息的传递手段，也提供了更生动、直观的信息呈现方式，更好地满足了用户对多样化信息的需求。

（4）分众性

互联网允许信息更加精准地传递给特定的受众群体，形成了分众传播的特点。通过大数据分析和个性化推荐算法，信息能够更准确地匹配用户的兴趣和需求，实现了更精准、有针对性的传播。这使用户可以更多地沉浸在符合其个性化需求的信息世界中。

（5）即时性

互联网信息传播的即时性是其显著特点之一。无论是新闻、社交动态还是实时事件，用户都能随时获取最新的信息。这种即时性为用户提供了及时了解和参与社会、文化事务的机会，使信息获取更加迅速和便捷，极大地为用户降低了信息噪声。

1.3.2　互联网时代信息的传播变革

互联网作为人类创造的自然界中最大的智能机器，在人类传播史上不断上演系列革命性的变革。它继承了纸张、印刷术、电报、电话、无线电等通信技术，并在此基础上实现了在传播方式的效率和规模上的巨大进步。互联网开放了全球一体的信息网络，将地球编织成一个方便快捷的信息体系。与以往的科技创新不同，互联网不仅提高了信息生产和传播的效率，还大幅度降低了成本，可以说是人类社会历史上发展最迅速的大众传播工具。

美国大众传播学大师威尔伯·施拉姆（Wilbur Schramm）认为，信息媒介推动了一场雄心勃勃的革命，而互联网的兴起更是一个新时代的开始。传播方式的演进变得更为迅速：从语言到文字，历经几万年；从文字到印刷，跨越几千年；而互联网能在短短几十年里展现出高速普及的势头，其传播方式主要表现在以下几个方面。

首先，互联网将每个人纳入全球一体的信息开放体系，使用户不论何时、何地都处于巨大的信息传递编织网内。其次，互联网创造了人人都能够同时分享的互动传播模式，使每个用户都能够在这个开放和平等的平台上发布和接受信息。再次，用户通过引擎搜索、文献检索等方式使互联网成为人们日常工作、学习和生活中不可或缺的沟通渠道。最后，互联网与各行各业的融合为人们提供了更加丰富多样的信息消费形态。

这些变革引发了人类所处的信息环境和社会文化的复杂化与多元化。关于信息系统对社会发展的影响，学界存在两种基本观点。一种观点认为，信息系统对社会具有必然的、不可抗拒的影响，称之为硬媒介决定论。另一种观点则认为，互联网作为一种媒介并不产生绝对不可避免的社会结果，而是提供了事件产生的可能性，这是诸多因素的结果，被称为软媒介决定论。这两种观点都肯定了互联网作为新兴媒介对社会和事件发生具有重要的影响。

1.4 互联网时代信息的现状、问题及发展趋势

1.4.1 互联网时代信息的现状、问题

在信息爆炸时代，现代通信技术、传播技术、网络技术的发展，解决了信息在时间、空间上的传播障碍，实现了全球信息共享。但随着海量信息喷涌而来，严重超出了人的信息接受和消化处理范围，这一发展也伴随着一系列问题，导致信息的发展现状与问题呈现多方面复杂的特征。

首要问题是信息超载，大量信息同时涌入人们的视野，使人们难以适应和处理，引发了信息过载的困扰。社交媒体的崛起进一步加剧了这一问题，因为信息不再仅仅通过传统媒体传递，而是在社交网络上通过分享、评论等多种方式扩散，形成信息瀑布，使人们难以筛选有价值的信息。

个人隐私安全问题也在互联网时代被凸显。大量个人信息被采集、存储和传播，使得个人面临着数据泄露和隐私侵犯的风险。同时，算法推荐的广泛应用也带来了问题。虽然算法推荐使得用户更容易获得个性化、定制化的信息，但它也可能使用户陷入信息茧房，只接触到与自己观点相符的信息。

在信息质量方面，虽然互联网上有许多有用的和真实的信息，但信息的广泛传播，可能导致虚假信息和谣言也更容易传播，威胁社会的信息可信度和真实性，导致信息失真等问题突出，使用户在获取信息时难以判断信息的真实性，容易受到误导。

网络安全威胁是另一个突出问题。随着互联网的发展，网络攻击、恶意软件等威胁逐渐增多，给个人、企业和国家的信息系统带来了风险。此外，数字鸿沟问题仍然存在。即便互联网在全球普及，一些地区和社会群体依然无法平等获得和利用信息技术，导致数字鸿沟的扩大。

综上所述，互联网时代信息的发展现状呈现出巨大的活力和机遇，但也随着信息超载、个人隐私安全、算法推荐、信息质量、网络安全威胁等多方面问题。解决这些问题需要绿色生态信息设计以及相关信息技术、国家法律法规等多方面的综合手段，以确保信息的良性发展。

1.4.2 互联网时代信息的发展趋势

随着互联网不断更新迭代，信息技术日新月异。互联网正在全面融入经济社会生产

和生活各个领域，引领社会生产新变革，利用信息通信技术以及互联网平台，让互联网与传统行业进行深度融合，创造新的发展生态。它主要表现为信息的完善标准体系逐步形成、信息关键技术有序推进、信息应用领域向多元化延伸、行业内部协同发展。

首先，信息的完善标准体系逐步形成是关键趋势之一。这包括两个方面。一方面，需要建立信息传播的标准体系。互联网的信息传播体系正在朝着更加规范和标准的方向发展。制定普遍适用的信息传播标准，特别是在数据格式、交互界面等方面，有助于提高信息的可理解性和互操作性。另一方面，还需要建立信息安全的标准体系。随着信息的重要性不断上升，建立完善的信息安全标准体系至关重要。当前，许多国家都制定了相关政策和法规来优化信息设计。例如：欧盟在2016年通过了《通用数据保护条例》（ General Data Protection Regulation ）❶，规定了对个人数据的处理与保护标准，以保障用户隐私。美国在《2018年加州消费者隐私法案》中对数据处理者个人数据的收集和使用行为分场景加以明确规范❷。我国在2021年颁布了《中华人民共和国个人信息保护法》❸，规范信息的收集和使用，加强对个人信息的保护。各国都采取了多样化政策和措施，其目的是实现绿色信息可持续发展，维护隐私和信息安全以及促进信息资源合理使用，建设绿色、安全和可持续发展的信息环境。

其次，信息关键技术将有序推进。包括人工智能和大数据在信息处理中的广泛应用，以及智能算法和大数据分析为信息的处理和利用提供更高效、智能的手段，也包括区块链的崭新技术架构为信息的安全性和可信度提供了创新性的解决方案，它能够建立去中心化、不可篡改的信息存储系统，对于信息的安全和透明度将产生积极影响。

再次，信息的应用领域将向多元化延伸。例如，当前智能家居和物联网领域的广泛应用，使信息渗透到人们日常生活的方方面面，在此基础上可以看到从智能家电到城市基础设施，信息正深刻改变着各个应用领域。再如，远程医疗、在线教育、数字金融等领域的发展使我们可以看到信息的发展趋势不断地在医疗、教育、金融等行业的深入应用，使得这些行业更加智能、高效。

最后，行业内部协同发展也将成为趋势之一。社会各行业内部的协同发展逐渐取代封闭的竞争模式。开放式的合作和信息共享将促进信息社会的快速演进。通过跨界整合，不同行业的信息资源可以更好地共享，推动全球产业链的高效协同。

这些趋势将共同构成互联网时代信息的发展格局，也预示着一个更加规范、先进、互联互通的信息社会的到来。

❶ 华劼. 人工智能时代的隐私保护——兼论欧盟《通用数据保护条例》条款及相关新规 [J]. 兰州学刊，2023（6）：97-108.

❷ 张夏明，张艳. 人工智能应用中数据隐私保护策略研究 [J]. 人工智能，2020（4）：76-84.

❸ 张新宝.《中华人民共和国个人信息保护法》释义 [M]. 北京：人民出版社，2021：41.

1.5　本章小结

本章旨在介绍信息概述及其在互联网时代的演变。在这一章中，首先探讨了信息的概念，强调了信息作为人与外界交流的媒介的重要性。同时，深入讨论了信息的种类、形式，特征以及信息传播的途径等方面，包括特别关注了信息产品的概念，指出了信息产品在现代社会中的广泛应用和重要性。随后，梳理了信息设计的概念及其发展历程。通过回顾信息设计的发展脉络，了解了信息设计从传统媒介到数字化时代的演变过程，对信息设计做出了定义，强调了其在传达信息、优化用户体验等方面的重要作用。接着，分析了互联网时代信息的特点和传播变革，并强调了互联网时代信息的传播高效性、交互性、多样性等特点，以及互联网对信息传播方式的革命性影响。理解了信息传播从传统媒体向新媒体的传播变革以及信息获取、分享、交流方式的创新。最后，总结了互联网时代信息的现状问题及发展趋势，深入剖析了互联网时代信息所面临的挑战，包括信息过载、虚假信息、隐私保护等问题。同时，展望了互联网时代信息的发展方向，包括信息技术的持续创新、信息服务的个性化和多样化、信息安全的加强等方面。

通过对这些内容的学习和思考，能更加深入地理解信息交互设计的重要性和复杂性，以及在不断变化的互联网时代中，如何应对信息传播的挑战和机遇，这也为接下来的学习铺垫了前期的基础知识。

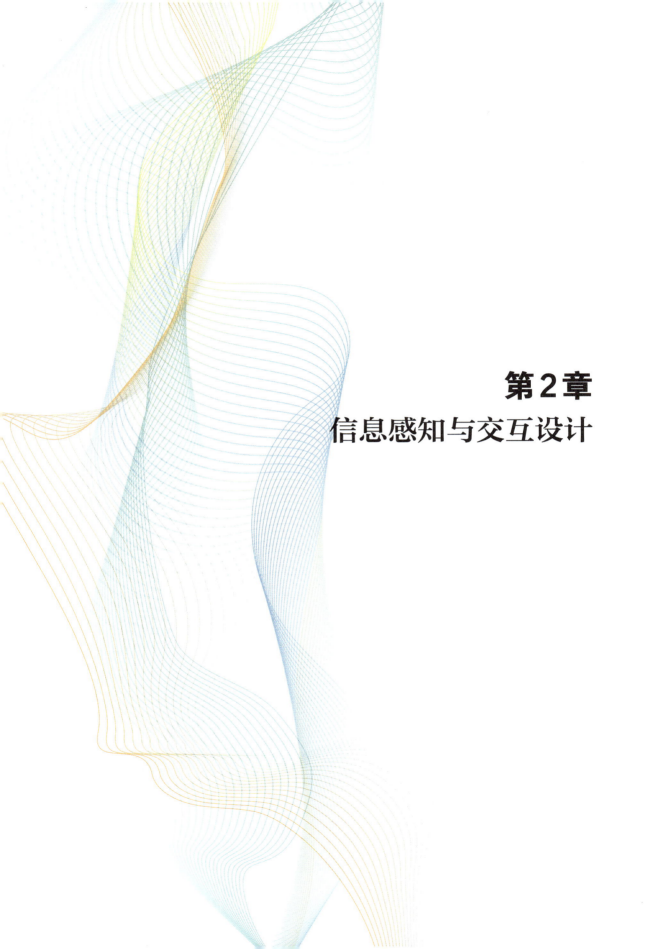

第 2 章
信息感知与交互设计

2.1　信息感知

在信息时代，信息呈指数级增长，在我们的日常生活中随处可见。网上购物、网络办公、网络营销、网上搜索形式的出现，使信息的获取变得轻而易举。社会生活的信息化不可避免地影响着人们的生活方式和思维方式，而繁杂、过量的信息无疑给人们带来接收与选择信息的障碍和困扰，伴随着时代的步伐，信息设计应运而生。

通过设计信息可从无形变为有形，信息的载体可从数据文本型转化为图像视觉型。通过设计，信息能实现以简洁、清晰、准确、易懂的视觉形式进行传达，视觉传达成为信息传播的最重要的方式。

2.1.1　信息感知概念

信息感知是用户对信息感觉和知觉的总称，是信息用户吸收和利用信息的开端。

感知不仅限于对客观事物信息的机械获取，即五官对客观事物的直接反应，还包括对客观事物的信息的认知和理解，即对客观事物的信息直接获取并进行认知和理解的过程。我们身体上的每一个器官都是外在世界信号的"接收器"，只要是它范围内的信号，经过某种刺激，器官就能将其接收，并转换成为感觉信号，再经由自身的神经网络传输到我们心念思维的中心——"头脑"中进行情感格式化的处理，之后，就带来了感知。

人对刺激信号进行解读与破译，并在内心产生各种感觉，这就是人对外在事物的主观反映。

2.1.2　感知信息类型

2.1.2.1　视觉感知

视觉是人类最主要的感知方式之一。通过眼睛，我们可以感知到世界的外观、形状、颜色、运动等。而理解视觉信息则需要对光线、颜色、深度等视觉信号进行处理和解释。

2.1.2.2　听觉感知

声音是一种重要的信息，通过听觉器官传递给大脑。它是由物体振动产生的声波，通过介质传播被听觉器官所感知的波动现象。声音可以包含语言、音乐、环境噪声等。通过听觉，我们可以接收到声音信息，感知到语言的意义、人们的情绪、物体的运动等信息。理解声音信息，需要对声音的频率、高低、响度等进行分析和解释❶。

2.1.2.3　触觉感知

触觉是通过皮肤感知外部世界的方式。通过触觉，我们可以接收到物体的质地、温度、形状等触感信息，从而对其进行识别和

---

❶ 金雅庆，高涵. 五感体验视域下吉林冰雪文化创意产品的设计应用研究［J］. 工业设计，2024（1）：133-136.

理解。触感信息还包括身体的运动感知，如平衡感、位置感等。

2.1.2.4 嗅觉感知

嗅觉是通过鼻子感知外部世界的方式。通过嗅觉，我们可以接收到食物、植物、动物等释放出的气味信息。气味信息的理解需要对气味分子与嗅觉感受器之间的相互作用进行解释。

2.1.2.5 综合多维度感知

大脑会综合和整合来自不同感官的信息，形成对外部世界的整体认知。通过多种感觉渠道获取的信息相互补充和印证，帮助我们更全面地理解和感知周围环境。综合多维度感知有助于我们做出更准确、更全面的决策和行为（图2-1）。

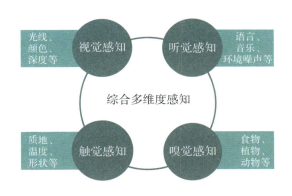

图2-1 感知信息的方式

2.1.3 认知心理学

认知心理学是研究人类心理认知习惯的科学，研究的内容包括了心理现象及其发生、发展规律，认知心理学具有自然科学和社会科学的双重属性。信息的传播和信息的

交互都是以认知心理学为基础的，信息设计必然涉及人们的认知习惯，也必然与认知心理学产生联系。从生理机制上来讲，人的大脑相当于容器，用来储存不同的信息，这些信息不但作用于人的思维，而且影响人的行为。

认知心理学家赫伯特·A.西蒙（Herbert A. Simon）在《关于人为事物的科学》（*The Sciences of the Artificial*）中认为，设计可以"作为一门人技科学的心理学"，将设计（广义设计）当作问题求解的思维心理学。其研究焦点应集中于主体（内在环境）与环境（外在环境）的交互界面上，以探究人类在内外环境系统中的适应性方法和途径为中心❶。

现代认知心理学将人看作一个信息加工系统，认为认知就是包括信息感觉输入、储存和提取的信息加工过程，把认知心理学当作信息加工心理学。按照这一观点，认知可以分解为包括信息获取、信息储存、信息加工和信息使用等一系列阶段，每个阶段是一个对输入的信息进行某些特定操作的单元，而反应则是这一系列阶段和操作的产物。

可以简单地将计算机比作人的心理模型，将人脑看作类似计算机的信息加工系统，用以解释人的心理过程。认知心理学实验证明，信息加工过程中的定量和变量之间的关系，有助于把握信息设计的规律和特性。

享誉全球的认知心理学家唐纳德·A.诺

曼（Donald A.Norma）提出了三种层次的情感化设计理论：本能水平（Visceral Level）、行为水平（Behavioral Level）和反思水平（Reflective Level）。本能层次设计更侧重形式美感；行为层次设计更注重对功能的追求；反思层次设计则是基于前两个层次，作用于用户内心产生的更深刻的个人情感、经历、意识、理解等多种因素交织所造成的影响（图2-2）❶。

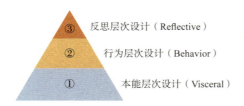

图2-2　设计需求三层次

人对信息的处理是通过感觉、知觉和认识的心理过程实现的。通常是通过眼、鼻、耳、舌、皮肤等器官接受刺激而获得外界信息，再传送到大脑进行处理，信息的处理过程也就是心理的认知过程。

2.1.3.1　感觉注意原理

感觉是一个信息输入的过程，是信息数据源源不断地被大脑接受的现象，它包括收集、转化、分析、编码等步骤。感觉是由感官引起的大脑即时反应，是初级阶段的认知，也是大脑进行信息处理的必备条件。

心理学角度对注意（Attention）的通用定义是"心理能量在感觉事件或心理事件上的集中"。引起注意是视觉设计的第一

要素，强烈的视觉冲击能使信息在受众产生记忆，提高信息传播的有效率。信息的注意力可分为有意注意和无意注意两种。第一种是有目的的信息搜寻，这就要求在信息设计中更加注重表现主体信息的分布和结构，使受众能在短时间内获得所需要的信息；在信息传播中，无意注意的受众也是不容忽视的群体，若要在短时间内吸引其注意力，就必须注重视觉效果与情感因素、文化因素的表达，起到潜移默化的作用。优秀的信息设计应具有既能满足有意注意者的需求，又能在最短时间内引发无意注意者兴趣的功能。

2.1.3.2　知觉识别原理

知觉是指人通过感觉器官获取外界信息，并经过大脑加工对该事物产生的心理感知过程。知觉以感觉为基础，侧重对客观事物的各个部分或属性的整体性把握。知觉是一种主动探索和高度选择的活动，是在理解的基础上将事物外在形式与内在心理结构进行契合的活动。知觉也是一个信息存储的过程，人们通过感觉器官将外界环境中的对象、事件、声音、味道等转变为经验并存储于大脑之中。

知觉具有整体性和选择性两方面特征。整体性是指人在以往经验的基础上把事物的多种属性统一为一个整体的特性，它依赖于刺激物的空间分布和时间分布等结构；选择性是指人在知觉事物时，首先会从复杂的环境中将一些关键内容抽出来组织成知觉

❶ 唐纳德·A. 诺曼. 情感化设计［M］. 付秋芳，程进三，译. 北京：电子工业出版社，2015：6.

对象，而将其他部分进行删选和舍弃的特性。一般说来，色彩鲜艳、对比强度大、非静态的客体容易被当作知觉对象。简洁、对称等组合规律明确的客体也容易被当作知觉对象。此外，知觉的主体和客体可以相互转换，当注意力集中在某个客体时，这个客体即是知觉对象，其他客体则成为该客体的知觉背景；当注意力从一个对象转向另一个对象时，原来的知觉对象与知觉背景就会相互转换。

信息设计的视知觉对象是信息的接收者，所以要依据人对视知觉的主观感受来考量设计。视知觉在很大程度上受人的年龄、文化、兴趣、认识等主观因素的影响，不同人对同一个知觉对象的认知结论也有所不同。因此，信息设计中的视觉刺激因素包含较多的变量，不但会对信息的接收产生影响，而且会影响人们的知觉选择。

2.1.3.3 认知记忆原理

认知是人通过知觉感受获得对象以及该对象与其他对象之间的关联，并进行深层次理解的过程，是一种高层次意识体验的概念构成。认知大致可以分为记忆、推理、想象等几个阶段。

人的大脑对信息的认知具有短期记忆功能，科学研究表明，大脑对信息进行记忆并保存的容量大约为每20秒7个信息。正是因为人的大脑对信息的认知有短时记忆功能，所以大脑也就具有对信息的选择性记忆机制。记忆是一种积极能动的活动，反复的短时记忆刺激会产生长时记忆留存（图2-3）。

图2-3 短时记忆与长时记忆

视觉作为人类的重要感官之一，具有对信息进行选择的本能。人们对外界信息的接收也是有选择性的，大脑会有意识地记忆对个体经验具有一定意义的事物。此外，记忆还依赖于人们已有的知识结构，只有当输入的信息以不同形式汇入大脑中，并与已有的知识结构形成某种对应关系时，新的信息才能在大脑中巩固下来。直观的记忆比抽象的记忆更容易被大脑存储，即图像要比抽象的文字更加容易被记住，在人们回忆某种事物时，就是以"象"为形式的。

由此可见，通过视觉设计，人能在最短的时间内理解并记忆信息，图像可以使复杂的信息变得容易识别和记忆，这也是信息视觉转化的重要心理依据。

网络以及计算机、微电子产品、信息产品的普及，改变了人们的生活方式和思维方式，人类的工作方式开始转向依靠脑力思维进行理解和操作的方式，人们的认知形式也在发生质的变化，因此信息设计也必须考虑新的认知媒介和新的认知习惯。

2.1.3.4 认知心理学与设计

在20世纪，设计有了本质上的飞跃，特别是在视觉传达领域。这一飞跃与同时期心理学的发展不无关系。对视觉进行科学理性分析的心理学方法为信息设计开辟了一条新路。正是对认知心理学方法的借鉴，信息设计和实验实证得以有机结合。例如，在设计户外信息的时候，除了专注形式的创造外，更重要的是用实验的方式验证信息的可用性，如通过记录和分析用户停留的速度，改进信息传达的效率等。

信息设计需要考察人们的认知习惯。人的大脑相当于容器，用来储存不同的信息，这些信息不但会作用于我们的思维，而且会延展到我们的行为。认知心理学作为专门研究人类认知习惯的学科，对于信息设计的作用巨大。尤其是在网络空间的信息设计中，认知心理学的许多理论都可作为设计决策的依据，从而让信息更有效、更有目的性。

视觉接收信息受视觉规律的限制。一般来说，信息设计的重点在于如何通过视觉化的语言传达信息。信息的传达受信息本身和人的生理限制，因此设计者了解视觉认知心理学的基本原理可以更好地规划复杂信息。由于这些原理大都来源于严谨的心理学实验，所以有很强的可操作性。

在认知心理学中，格式塔心理学（Gestalt Psychology）对信息设计的影响颇为深远❶。在设计史上，包豪斯和乌尔姆设计学院的很多课程都与格式塔理论有关，从某种意义上说，设计师掌握视觉语言的第一步就是了解视觉的规律，这样才能把重要的信息通过人类认知途径准确传达出来，使其具有实用价值；第二步则是创作更容易被大脑接纳和提升大脑兴奋度的设计，这就需要融会设计与非设计的技巧，并具有创新的精神。格式塔（Gestalt）这一词语在德语里的意思为"完形"。格式塔心理学派的学者认为，人的视觉有部分从属于整体的特性，即我们看到的物象不是单体的构造，而是构造之间的整体关系。整体与部分之间的相互作用会刺激我们的视觉判断，同时视觉判断也受到经验的约束。与此同时，格式塔心理学派也提出了一些有关视觉心理分析的假设，其中包括视觉的闭合性、相似性、接近性和连续性等，这些特性都有科学的心理学实验作为支撑。

如果充分把握了这些视觉特性，就可以创作出视觉游戏式作品。荷兰版画家莫里茨·科内利斯·埃舍尔（Maurits Cornelis Escher）利用几何图形的变化创作了大量的视错觉绘画。艾舍尔的作品对信息设计的创意思维有着重要的启迪作用。信息设计首先需要满足视觉感官的认知需求，在此基础上才能发挥其可用的功能价值。信息在有目的的情况下被设计、传递，才能更好地被大众接受并记忆。

2.2　信息设计类型与流程

信息的存在方式是非常广泛、多样、多层次的。当信息在数量上不断增多以及信息之间的关系趋于多样化和复杂化时，便形成了不同类型的信息，并形成了不同的存储和传播方式。对信息的本质认识有助于加深对

---

❶ 罗伯特·索尔所，奥托·麦克林，金伯利·麦克林. 认知心理学［M］. 邵志芳，李林，徐嫒，等译. 上海：上海人民出版社，2019：103-106.

信息内涵及其特征的理解。

从本质上看，信息是以物质为载体，传递和反映世界各种事物的现象、本质、规律、存在方式和运动状态。信息内容主要通过某种载体，如文字、语音、肢体动作、图像等符号来表征与传播。信息处理主要包括信息的收集、输入、加工、存储和传输。

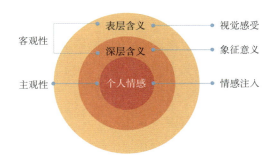

图2-4　信息呈现类型

2.2.1　信息设计类型

信息设计可分为以下几类。

自我指涉型信息设计：注重设计师自我对信息的理解，并利用某种形式——文字、图形、声音、动画等将其传达出来。

实用型信息设计：旨在让用户理解信息内容，理解所传达的形式中的内容。

2.2.1.1　信息呈现类型与方式

信息设计要素所承载的信息主要有三种类型：第一，是视觉要素的表层含义，指由视觉要素直接传达给信息接受者的视觉感受；第二，是视觉要素的深层含义，即表层含义之外的象征意义；第三，是设计主体的个人情感注入，设计者的个人思想与态度也会伴随着其他信息一同传达给信息接受者。可以说，前者为信息设计的客观性，而后者为信息设计的主观性。信息设计要特别注重视觉符号的表层含义与深层含义的联系以及客观信息和主观信息之间的联系（图2-4）。

在信息设计中，信息呈现出多种的表现形态，有平面的、立体的、静态的、动态的，等等。从具体的设计角度来看，信息设计包含了如下五个要素：图标信息视觉交流符号、引导符号——信息的关联符号、文字与数字——信息的辅助符号、色彩——信息的象征符号、标注——信息的索引符号。

2.2.1.2　信息设计的原则

（1）克制原则

设计者须依据受众的需要来控制内容和元素，而不是把自己知道的一切都放在设计中。

（2）接近原则

接近原则强调相关信息元素在空间上靠近放置，以便信息接受者更容易识别出它们之间的联系，更快地理解信息的结构和层次，从而提升信息的可读性与易用性。

（3）相似性原则

相似性原则，又称一致原则或重复原则。在设计信息时，使用大小、字体、风格、颜色，以及各个元素的形状来体现它们与其他元素的关系。让相关联的元素形成吻合，无关联的元素形成对比。

（4）层级原则或强调原则

层级原则或强调原则强调最重要的东西。

（5）层级原则或序列原则

层级原则或序列原则指从最重要到最不重要依次排列信息。

（6）排列、联合和均衡原则

排列、联合和均衡原则指将元素排列起

来，帮助受众把握它们。

（7）内容/背景原则和清晰原则

内容/背景原则和清晰原则让内容清晰地呈现于背景之上。

（8）清晰原则

清晰原则使用清晰易读的形象。

2.2.1.3　信息中的信息图

信息图是一种知识、数据、信息的可视化表现形式。常见的信息图有概念图、地理图、经验图、数字或统计图，等等。它们具有如下特征。

概念图：毫无约束，自由度很高，适合展现或宣传概念和观点。

地理图：二维或者三维的绘图呈现方式，表现各区域与各种类之间的面积大小和路线规划。

经验图：反映人们对某一空间、地点或形态的感受、感知、估计和理解。

数字或统计图：反映特定信息的数据，表现不同数据类型之间以及其他数据类型的变化和关系。

2.2.2　信息设计流程

任何设计都涉及相应的设计流程，信息设计也是如此。社会的发展与科技的进步，使信息的传播方式与传播途径发生了量的超越和质变，同时在不断改变着信息设计的观念和方法。

信息设计流程包括设计过程和相应的设计方法。只有经过分析、归类、整理和加工，才能将书面和语音信息转化为视觉信息，将文字语言转换为视觉语言，将抽象概念转换为具体形象。信息设计流程涉及五个步骤：一是信息收集；二是信息提取；三是信息架构；四是单位设定；五是视觉转化。

2.2.2.1　信息收集

信息收集（Information Gathering）是指人们借助各种途径获取所需信息的能力。信息收集的质量和水平，与信息设计的整体水平以及后续工作存在着直接关系，是信息设计的前提，也是信息设计的源点。

实物信息源、文献信息源、电子信息源以及网络信息源是信息收集的四种信息源。首先，实物信息源。指具体观察对象在活动过程中直接产生的信息，这些信息源包括但不限于事物运动现场、学术讨论会、展览会等。其次，文献信息源。文献是含有大量知识信息和数据资源的集合体，是信息收集的重要信源之一。例如，各类专著书籍、论文、报告等。再次，电子信息源。是指通过电子技术产生的信息形式，包括广播、电视等。最后，网络信息源。网络是信息生成和信息增殖最快的信息源，是最为快捷的信息收集途径。

信息收集应遵循广泛性、准确性、实效性原则。信息收集要有明确的思路，要充分运用有意思维、无意思维、发散性思维等创意思维方式，来扩大信息收集的范围和领域，为后续设计提供尽可能翔实充分的信息资源。

2.2.2.2　信息提取

信息提取是对已收集到的信息进行统筹和分析的过程，是一个由繁到简的归纳过程。事实上并非所有收集来的信息都有用，信息的提取过程也就是一个信息数量递减、价值增加的信息加工过程。挖掘出那些能够满足信息接受者的需求、能够引起信息接受者兴趣的信息点，是这一步的中心任务。

信息提取涉及以下流程。首先，要设定设计目标，突出中心概念；其次，要对已收集的信息进行认真筛选，须去伪存真，去粗存精，获取更高价值的信息；最后，要反复核实与检验已收集的信息的可信度，将误差缩小到最低限度。

信息提取的质量对于信息架构的搭建以及信息设计的整体效果有重要影响。简单的信息罗列不是信息提取的目的，构建起清晰、明确、合理的信息关系才是信息提取的关键所在。

信息主体目标的设定，要充分考虑信息接受者的信息需求和兴趣点，并以此为依据确定信息的主次关系。一般来说，可在主要信息的基础上附加次级信息，来保证主次信息的一致性。

2.2.2.3　信息架构

信息架构反映了时间、空间、数量、位置等信息维度之间的组织关系。信息架构搭建起了信息内涵与视觉要素间的逻辑联系，具体体现为信息单元和信息集群之间的层次关系。搭建起合理的信息架构是实现信息设计意图的关键所在。

信息架构的构建基于信息的加工水平和加工质量。按照信息生产过程和加工程度可以分为一次信息、二次信息和三次信息。其中，一次信息就是原始数据，是已收集到的数据资料；在一次信息的基础上，对信息进行提取以获取更高价值的信息，就是二次信息；三次信息指的是依照设定的目标，对一次信息和二次信息再次进行加工、总结、重组、概括等而形成的信息。

信息架构的搭建，是以高质量的三次信息为基础的，经过反复提炼与重组后的信息，其架构可以用树状图、流程图、桥形图等图表形式，清晰地显示信息层次和维度之间的逻辑联系。

当今世界是一个"信息超载"和"信息污染"并存的时代。不经处理便将庞杂的信息呈现给读者是不负责任的，也是没有意义的。信息架构在梳理信息集群和信息单元间的关系、处理信息传达的次序、强化信息的主次关系、提高信息质量和信息价值等方面具有不可替代的作用。在许多场合，信息架构设计成了信息设计的代名词，所以才有了信息架构师的称谓，足见信息架构在信息设计中的重要地位。

2.2.2.4　单位设定

单位设定是指以视觉形式来设定文本和数据信息的基本单位，包括信息个体单位和维度单位。信息基本单位的设定是信息视觉转化的开始，通过将抽象的信息转化为视觉符号，来构成信息的基本视觉语汇。在信息设计中，单位设定是一种特殊的形式，因而具有特殊的功能与价值。

文本信息单位设定指的是以信息类别与层次为依据的信息基本视觉单位的设定。文本信息单位设定的视觉形式以图标和形象为主，也包括色彩、文字与数字等视觉要素。

信息单位的设定，要能够清晰地表达出信息层次和信息结构关系，同一信息层次或类别的单位设定应趋向于整体统一。

数据信息单位设定是指设定信息数值的视觉量化标准。数据信息单位设定是以信息的数理逻辑关系为依据、以数字的进制为基础的。基本数值单位一般多采用二进制的形式，可以设定为个位和十位，或十位和百位等进制形式，也可以在同一进制单位内设定，如设定以十或二十为进制单位。信息单位的量值，还可以与饼状图、曲线图、柱状图等形式有机地结合起来，制定出自己专有的量化标准。数据信息单位设定，极大地方便了信息的视觉运算。

单位设定是以信息单元和信息结构为基础，要运用创造性思维对原始数据进行反复的定量和定性分析，以简洁易懂的形式来确定信息的基本单位。信息单位的设定要能够表现出事物本质的规律，并以科学的态度对信息进行加工处理，确保信息的真实性和有效性。

2.2.2.5　视觉转化

信息视觉转化是指将信息形式转换为视觉形式，也就是指信息内容的视觉转化。宏观上的信息视觉转化，包括了信息整体的形象转化、信息架构的视觉转化以及信息单元或集群的视觉转化等。微观上的信息视觉转化，主要是指信息个体单位的视觉转化，信息要素包括文字、色彩、索引线、标注等的大小、空间、次序的设计考量等。信息通过视觉转化，有机地将信息架构与信息单位以视觉的形式组织起来。

信息架构作为信息集群和信息单元之间的联系纽带，集合了主体信息、环境信息以及关联信息的内在联系和本质意义。信息架构的视觉转化往往与信息整体形象的视觉转化融为一体，一般多采用自然映射或隐喻、借喻等语言修辞手法来进行视觉转化。对于大容量、复合型、多维度的信息设计来说，通常可以借助自然物象的架构关系来隐喻信息的架构关系，信息架构的视觉转化过程实际上也是信息整体形象的转化过程。

信息设计中蕴含着强烈的审美意味，审美意识不只隐藏在信息内部结构之中，也呈现在具体的设计形式美上。信息设计的任务不仅仅是把信息传播出去，更重要的是要通过设计提高信息的传播质量。借助视觉形式美，引发信息接受者的"视觉愉悦"，从而提高信息的审美价值，是信息设计的重要手段。

版面设计也是信息视觉化不可忽视的重要组成部分，合理的版式设计可以给人愉悦的阅读体验。信息设计对版式提出了更高的要求，版式设计要能够体现信息设计的理念，要能够体现信息的结构和逻辑秩序，要能够体现信息的主次关系和阅读次序等。对信息版面空间的控制能力，体现了设计师良好的设计素养和设计能力。

信息的视觉转化是信息设计流程的最后一步，也是至关重要的一步。信息视觉转化的成败，既取决于前期的信息加工水平，也取决于后期的设计水平。信息设计流程环环相扣，缺少任何一个环节都不可能实现既定的目标（图2-5）。

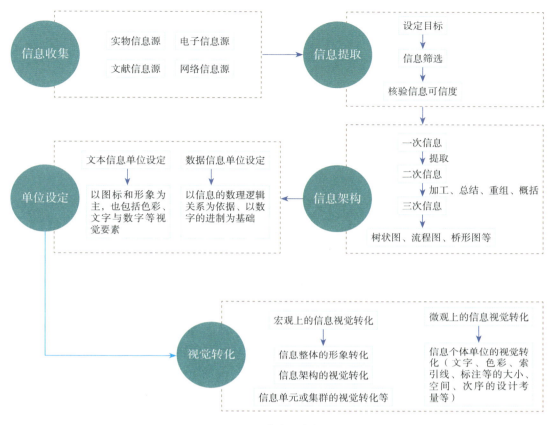

图2-5 信息设计流程

2.3 信息感知的交互

在信息世界，人们无时无刻都在接受信息的刺激。信息无处不在，信息感知是人的基本能力，但人们不可能对所有信息刺激都做出反应。交互设计是定义、设计人造系统行为的设计领域，它定义了两个或多个个体之间交流的内容和结构，通过信息刺激与交换，创造和建立人与产品及服务之间有意义的关系，因此信息感知是交互设计的基础。

2.3.1 信息交互

信息设计与科学技术的进步密切相关，信息交互是信息设计在计算机领域和网络领域极具活力的表现形式。信息交互设计的历史，最早可以追溯到美国独立战争期间，威廉·普莱费尔（Wliam Playfair）先生率先将图表的传达方式运用到其一系列经济论文中，引起学界广泛关注。20世纪80年代，美国将这种便捷有效的信息传达方式广泛地运用到政策法规宣传、经济数据统计等信息的传播中。20世纪90年代，随着计算机的普及，信息设计又拓展到新媒体中，至此信息交互才真正发展起来，信息交互设计成为信息设计的重要组成部分。信息交互设计是以计算机及其网络为媒介，运用色彩、文字、图像等视觉元素实现信息的交互，人机交互为信息交互设计的主要特征。信息交互可分为移动交互、图形交互、网页界面交互等形式。

随着网络与数字技术的发展，信息内容以数字的形式呈现成为现实。信息交互改变了传统信息单向传播的模式，实现了人机的双向交互，用户既是信息的接受者，也是信息的发送者。信息交互打破了时间和空间的限制，具有空间多维性、时间流动性以及过程双向性等信息交互的特征。

2.3.1.1　空间多维性

物质运动是永恒的，而物质发展的空间也在不断变化。在这个空间之内，各种物质以不同的运动形式存在着、发展着，共同构成了不断运动变化发展的浩瀚宇宙。

信息交互设计的空间多维性具有两方面的含义：一是在同一种媒介中，不同的信息可以采用相同的呈现方式；二是在不同的媒介语境下，同一信息可以采用多种呈现方式。网络技术可以把不同的信息形式通过一个界面以集合的形式展示出来，并将这些信息集合进行平面、立体、交叉等多维度的组合，形成一个由信息接受者、用户界面和信息主体共同构成的多维信息空间。在网站这个信息空间中，信息单元被放置在不同的门类中，用户可以从一个界面跳转至另一个界面，信息空间层次得以无限拓展。

2.3.1.2　时间流动性

时间流动性是指信息的传播是以时间为依据，具有历时性、线性和不可逆转性。信息的传播方式、信息的结构领域与层次关系随时间展现并随时变化，信息内容也随着时间的变化而不断被更新、增加和修改。

2.3.1.3　过程双向性

信息交互过程两端的发送方和接受方，可通过交互实现角色的相互转换。传统平面媒介的信息内容是固定的、不可变的，信息的传达是单向的，往往是以发信人为起点，以传播媒介为通道，以收信人为信息传播的终点。也就是说，信息传达出去以后，无法收到信息接受者的反馈。利用信息交互设计，信息可实现双向传播，发送方与接受方的角色可以互换，信息的传输与接收过程形成了一个双向及多项交叉的交互过程。当然，各个网点都可以直接发送和接收信息，用户不仅能够通过网络媒体接收信息，也可以把接收到的信息再发送出去，这个过程是能动的、双向的（图2-6）。

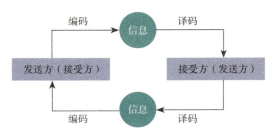

图2-6　信息交互的过程双向性

2.3.2　交互流程

2.3.2.1　产生行动意图

当用户产生一个目标，并有明确的意向产品及需求，即获得需求。通过需求产生行动意图，且明确意图与意图实现方法，会引发之后的一系列行为。

识别需求。用户首先会有一个特定的需求或目标，希望通过使用产品来满足这个需求。

目标设定。用户在心理上或现实中设定一个目标，希望通过特定产品实现具体结果。

产生动机。用户会有一个或多个动机，驱使其采取行动。

表达意图。用户会通过言语、动作等方式表达他们的行动意图。

2.3.2.2　规定行为序列

规定行为序列定义了用户与产品之间的具体交互步骤。这一步骤涉及组织用户与系统之间的信息流动，以便用户能够有效地实现其行动意图。

用户经验：用户会根据认知、习惯和经验等，进行行为预设，因此，在进行信息交互设计时，需要多方面考虑用户的感知。

引导使用：用户通过界面元素、文本输入、手势等方式与系统进行交互，系统须对用户进行响应，让用户理解如何操作。

流程控制：确定用户在完成特定任务时的流程环节，定义用户与产品交互的不同阶段，完成整体的交互流程。

2.3.2.3　执行行为序列

执行行为序列是用户在产品中实际实现规定的交互步骤。依据规定的行为序列来建立系统的功能和界面，确保用户能够顺利地与产品交互。执行行为序列的成功实施需要深入了解用户，确保产品的实际交互与用户经验一致。

行为引导通过实现用户在产品中的行为路径，来确保用户能够流畅地实现意图。

2.3.2.4　感知变化

感知变化指用户在执行行为序列的过程中察觉到系统的反馈、状态变化和其他相关信息。包括用户与产品之间的信息传递和感知过程。

实时反馈：确保系统能够在用户执行某个操作后迅速给予反馈，可通过界面元素的变化、动画、弹窗、声音等方式实现。

状态指示：提供明确的界面元素或指示，以反映系统当前的状态。

2.3.2.5　解释认知

解释认知指用户对感知到的信息进行认知和理解。用户会对系统的反馈、状态变化和其他提示进行解释，并在其思维过程中形成一种理解。用户需要解读产品提供的反馈信息，因此提供的信息要清晰、准确，便于理解。

2.3.2.6　评价

评价指用户对整个交互过程和产品的体验进行评估。这一步骤可以通过不同的方式进行，包括用户反馈、用户测试、分析用户行为等。用户基于上述流程的体验评价反馈给产品，可以进行改进，逐渐提升用户体验（图2-7）。

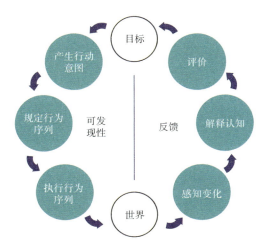

图2-7　交互流程

2.3.3　信息感知对交互的影响

2.3.3.1　信息视觉结构

在既定的环境中，感知结构能让我们能更快地了解事物。人们在使用应用软件和浏览网站时，大都不会仔细阅读每一个词，只会扫视页面，找到感兴趣的内容。所以，信息呈现方式越是结构化，人们就越能更快和更容易地获取和理解信息。这就意味着我们应去掉烦琐内容而只呈现高度相关的信息，如此占用的页面空间会更少，会更容易浏览。我们可以通过优化信息结构来避免视觉干扰，从而提高用户的浏览速度，使其更快地找到需要的信息。这样，我们就能得到更加便于感知的信息视觉结构。

（1）结构化的信息

即使是少量的信息，也能通过结构化使其更容易被浏览。在一些界面中并没有提供信息结构化的引导，这样一来，用户输入、查看和核实数据就会变得非常困难。有些时候，即使要输入的数据在严格意义上不是数字，分割开的字段也能提供有用的视觉结构。这样的例子非常多，比如常见的日期字段的输入等。与此同时，通过结构化信息的引导，可大幅降低用户在输入信息时犯错的概率。

（2）视觉层次

可视化信息显示的最重要目标之一是提供科学的视觉层次，即将信息分段，把大块、整段的信息分割为小段，按照视觉感知的先后顺序明显标记每个信息段和其统领的内容，以便用户识别。以层次结构来展示各段信息，通常上层的信息段能够得到更加突出的展示，这样能够大幅提升界面中信息的使用效率。

当用户查看信息时，视觉层次能够使其从大篇幅的信息中立刻提取出与目标相关内容，并将注意力放在所关心的信息上。因为设定好的视觉层次能够帮助用户轻松跳过无关的信息，更快地找到需要的东西。

2.3.3.2　界面、交互与应用情境

（1）界面与交互

界面是一个存在于人机互动过程（Human-Machine Interaction Process）中的层面，它不仅是人与机器进行交互沟通的操作方式，也是人与机器相互传递信息的载体。它的主要任务是输入和输出信息，即实现信息在人机间的双向传递。由于界面总是针对特定的用户而设计，因此也把界面称为用户界面。

依据界面在人机互动过程中的作用方式，可以将其分为操作界面与显示界面。通常操作界面起到的是控制作用，用户通过操作界面发出信息、操作机器执行指令，同时通过操作界面对机器的反馈信息做出反应动作。操作界面主要包括触控屏幕、鼠标、键盘、操作手柄、遥控器等。

显示界面主要的职能是显示信息。用户通过显示界面监控机器对于指令的执行状况。显示界面是人机之间的一个直观的信息交流载体，通常包括图、文、声、光等可释读要素。

通常情况下，操作界面与显示界面是并

存的，操作界面为人机互动提供了一个行动平台，而显示界面则为人机互动提供了一个信息平台，这两个平台组成了人机互动的一个基本环境。

用户原则是界面设计中最核心的原则。用户原则强调用户类型的划分与确定。例如，我们可以依据用户对于界面的熟练程度，将他们划分为新手用户、一般用户和专家用户，也可以依据他们使用界面的频次，将他们划分为经常用户和偶然用户，还可以根据他们的操作特性，将他们划分为普通用户和特殊用户。可以从各种不同角度和不同方式来划分用户，在设计实践中具体采用何种方式还需要视实际情况而定。

在确定用户类型后，要针对其特点来预测他们对不同界面的反应。这就要从多方面进行综合考察与分析。在这一原则中我们需要考虑以下三个问题：一是界面设计是否有利于目标用户学习和使用，二是界面的使用效率如何，三是用户对界面设计有什么反应或建议。这三个问题概括了界面设计中，依据用户原则应该实现的任务目标，也确定了设计的主要内容。

"界面"与"交互"是我们在信息设计中经常谈到的两个概念。用户对于计算机系统状态的理解都是通过界面来实现的，而界面也就成为了交互行为必不可少的媒介。界面是完成信息交互的载体，它是一个横向的平台，而交互则是这个平台中的一个纵向的工作流程。没有界面提供的平台，交互就无法顺利进行，但如果没有交互行为，界面也就失去了其存在的意义。

由此看来，界面与交互相辅相成，缺一不可。作为界面设计的组成部分，交互是界面设计的核心内容，也是界面设计实现所需要的基本目标。

（2）应用情境

应用情境是移动领域中常用但易被低估和误解的概念。在信息的界面设计中，我们常要把用户的需求放在重要位置，但是用户需求实质上是一定情境中的需求，也就是说，撇开情境谈需求，是舍本求末。在信息产品设计中，可以通过增强现实技术（Augmented Reality，AR）发现新的视觉交流方式。AR使作品栩栩如生，吸引用户，并大大改善用户的使用体验（图2-8）。除此之外，应用情境还可以促进产品的用户增长，有助于通过情境交互的方式通知、吸引和转化客户（图2-9）。

一般来说，应用情境分为两种：背景环境和归属环境，这两种应用情境可以无差别地互换使用。

背景环境就是对周围环境的理解，这是为理解当前所做的事情而建立的心理模型。例如，站在柏林墙的遗迹前在手机上阅读关于它的历史，就是在给所做的事增加背景

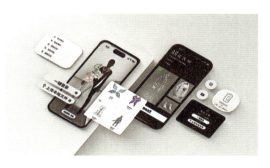

图2-8　学生作品《AR试衣间》　桂曼凌

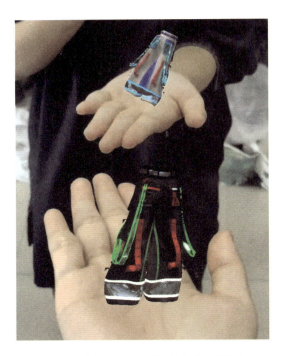

图2-9　学生作品《AR试衣间》的应用情境

环境。

　　归属环境是人们做事时所用的方法、媒介或环境，或者说是认知环境。通常有三种不同的归属环境：

　　其一，所处位置或物理环境，它决定了人的行为。环境不同，人们访问信息的方式，以及从信息中获取价值的渠道就会不同。

　　其二，访问时所用的设备，或者称为媒体环境。移动终端媒体的内容并没有人们所想象的那么丰富，但它可以根据当前的状况提供信息。移动终端的媒体环境并非只涉及接收的信息的实时性，还可以用于实时吸引观众，这是其他媒体做不到的。

　　其三，当前的思维状态，或者称为情态环境。思维状态是影响人们在何时何地做什么事的最重要因素。由于受到各种需求或欲望的驱使，人们会做出选择以完成目标。任何经过深思熟虑的行为或无所作为，其核心其实都是情态环境。

2.3.3.3　人机智能交互技术

　　人机智能交互技术充分运用了自然语言处理、人工智能和机器学习，能够让机器以一种人性化且更引人入胜的方式理解用户行为，完成用户指令。在人机智能交互技术的发展领域中，研究最多的是多交互与自适应交互两个方面。其中，在自适应交互的研究中，有基于用户特点的研究，还有基于任务的研究。基于用户特点的自适应交互，可以根据用户的选择，分析用户的特点，在呈现选择时，偏向靠近用户特点的结果。

2.3.3.4　设备类对象的交互

　　对于除去人以外的机器设备之间的交互，我们可以将交互对象进行分类。

　　（1）控制类对象

　　控制类对象以计算机为代表，计算机这类对象将传输来的信息进行分析、处理，生成对应指令，并将指令发送给执行对象。

　　（2）感知类对象

　　感知类对象指物联中所有能够感知环境的实体，分为主动发送数据的实体、被动读取数据的实体、主/被动混合实体。主动感知类对象除了能够主动感知环境信息，还能将感知数据主动发送到目标设备；被动感知类对象可以接收读取指令，将感知数据通过读取接口传送；主/被动混合对象则既可以发送数据，也可以被读取。

　　（3）触发类对象

　　触发类对象是指能够接收指令并根据指

令执行动作的设备。控制类对象向被动感知类对象发送"获取信息"的指令，得到被动感知类对象的数据后向触发类对象发送指令，以达到改变环境的目的；触发类对象也可以直接接收主动感知类对象发出的指令，进而做出动作（图2-10）❶。

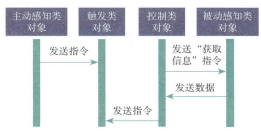

图2-10 设备类对象的交互

2.3.4 基础理论及趋势

2.3.4.1 符号学与信息

现代符号学的思想最早是由瑞士语言学家弗迪南·德·索绪尔（Ferdinand de Saussure）提出的。索绪尔开创了语言学"共时性"的研究方向，提出语言是一个符号系统，并首次使用"能指"和"所指"作为符号学的基本概念。美国实用主义哲学的先驱查尔斯·桑德斯·皮尔斯（Charles Sanders Peirce）是公认的现代符号学理论的创始人之一，他的符号学"三分法"为一般符号学的发展奠定了坚实的基础。1964年，法国符号学家罗兰·巴特（Roland Barthes）《符号学原理》的问世，标志着符号学正式成为一门独立的学科和一种系统的理论体系。从

1969年国际符号学协会成立至今，符号学的研究领域已经从一开始的语言、文字符号，扩大到其他人类能够识别和运用的感知对象，并向其他学科渗透，形成纷繁多样的符号学门类。现今符号学界流行的划分方式，是将符号学划分为语言符号学、一般符号学和文化符号学。

现代符号学中的语言符号学沿袭索绪尔传统，代表人物有索绪尔、叶尔姆斯列夫（Louis Hjelmslev）、罗曼·雅各布森（Roman Jakobson）等。索绪尔本人并没有著作传世，他的两位学生将他的课堂讲稿整理成书，名为《普通语言学教程》（Course In General Linguistics），此书对符号学的诞生产生了巨大的影响。索绪尔认为，自然语言是一种超乎寻常的庞大符号系统，是最重要的符号系统。索绪尔创造性地运用二分概念表述语言学中的符号现象：语言和言语、能指和所指、句段关系和联想关系、共时性和历时性等。现代符号学中的一般符号学理论的代表人物有皮尔斯、查尔斯·威廉·莫里斯（Charles William Morris）、安伯托·艾柯（Umberto Eco）等。皮尔斯同样没有关于符号学的完整著作，他的符号学思想散布在各种书信和文章中。一开始他的观点并没有被学界所关注，后来经过莫里斯的系统介绍，皮尔斯的思想才逐步得到重视。皮尔斯创立的符号学三分法将符号分成符号形体、符号对象、符号解释三部分，其中符号形体象

❶ 赵立波，李冰冰，王旭. 物联网信息感知与信息交互技术综述［J］. 现代计算机（中旬刊），2017（7）：34－39.

征符号对象，同时意指符号解释（图2-11）。皮尔斯的观点与逻辑学有着千丝万缕的联系，并具有很强的实用性。

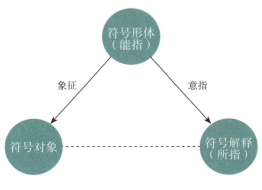

图2-11　符号学三分法

法国符号学家罗兰·巴特（Roland Barthes）的符号学思想继承和发挥了索绪尔的语言学模式，将语言学结构与文化符号结构相结合，试图为一般符号研究和符号分析提供统一的方法论。在巴特看来，符号分成语言符号和非语言符号两种，对于非语言符号的研究和分析可以使用准语言式的分析。在《流行体系》（*The Fashion System*）一书中，巴特将流行服饰系统称为"书写的服装"，并认为符号学应当是语言学的一部分❶。这种观点显然与索绪尔的主张有所区别，因为索绪尔明确将语言学作为符号学的分支。巴特最终未能完整建构"文化世界"的意指规则，但是他的理论拓宽了文化符号学的研究视野。

网络时代，信息无处不在，而这些信息正是通过符号进行传递和交流的。信息设计

作为一种符号载体设计行为，承担着沟通桥梁的作用。它以信息的高效传达为首要目的，将设计师对世界的认知转化为视觉图形，依据比例、位置、形状、色彩、纹理等各种形式法则将信息呈现在人们面前，使人们通过视觉设计符号就能够直观地接受设计师所传达的信息。在这一过程中，设计师对于视觉符号运用的合理性和准确性直接关乎设计作品的成败。

信息设计本质上是对符号的处理和运用，它正如高速公路上的转向牌预示着前方路况，实质上是代表着一种"不在场的对象或意义"。从微观讲，构成信息设计的视觉符号各自指代不同的"不在场"的对象，它们组合在一起，形成了对描述对象的解释。

2.3.4.2　用户体验

用户体验是交互技术的延伸，是从考虑产品构造、产品功能质量到考虑用户情感需求以及从用户体验的角度研究交互技术的质量。用户体验首先由唐纳德·A.诺曼（Donald Arthur Norman）提出，成功的用户体验必须做到在不骚扰、不使用户厌烦的情况下满足顾客的需求；提供的产品要简洁优雅，让顾客高兴、愉悦地拥有；另外要能给用户带来额外的惊喜。随着用户体验在内容和架构上的不断扩展，用户体验的含义也在不断扩充。

从用户体验的定义可知，系统、用户和使用环境是影响用户体验的三个因素。美国信息架构师彼得·莫维里（Peter Morville）

---

❶ 罗兰·巴特. 流行体系［M］. 敖军，译. 上海：上海人民出版社，2016：10-15.

提出用户体验的大核心特质，分别是可用的、易查找、可靠的、易访的、合意的、适用的、有价值的（图 2-12）。

图 2-12　用户体验核心特质

迄今为止，在用户体验的构成方面，形成了几个比较有代表性的理论：情景体验（Enacted Experience）理论、用户参与（User Engagement）理论、沉浸体验（Flow Experience）理论等。情景体验理论指出用户体验包括直接体验和间接体验，直接体验指用户在现实环境中的体验，间接体验是指用户在虚拟环境下的体验；用户参与理论指出用户体验包括美学、可用性、情感、注意力、挑战、反馈、动机、感知控制性以及感官吸引度等；沉浸体验理论指出用户体验研究属性包括可用性、用户技能、挑战、注意力、愉悦性、唤醒度及临场感等。

通过优化产品设计，可提升用户体验水平，最终提升用户黏性。例如，苹果公司在产品设计中强调用户体验至上的思维模式，坚持简单即是美的设计理念，产品命名更加体现以用户为中心的理念，有效提升了用户

体验水平。

2.3.4.3　交互的趋势

目前，信息交互逐渐从以计算机为导向转向以互联网为导向。

（1）以计算机为导向的交互包含

第一，人、计算机、交互。第二，简单易用、可用性。第三，界面设计或者音效设计。

（2）以互联网为导向的交互包含

第一，人、多样的系统、多种的交互，探索交互的多种形式，实现多平台多用户。第二，个人、团体、社会。指以产品（实体或虚拟）作为载体的交互成为连接个人、团体与社会的媒介。第三，数字产品、数字服务、数字内容。如目前新兴的设计项目，如元宇宙、数字藏品、数字博物馆等都是这一大交互趋势的直观体现。

2.4　本章小结

本章系统探讨了信息感知与交互设计的核心理论框架。从信息感知的基础概念切入，解析了人类感知信息的生理机制与认知规律，阐述了感觉注意原理、知觉识别原理、认知记忆原理、认知心理学与设计等相关内容。然后从信息设计层面，梳理了信息呈现类型与方式、信息设计的原则、信息中的信息图等，并构建了包含信息收集、信息提取、信息架构、单位设定、视觉转化的信息设计流程。关于信息感知与交互的融合，本章揭示了信息交互的分类特征和流程，然后从信息视觉结构、应用情境、人机智能交

互技术、设备类对象的交互等方面分析了信息感知对交互等影响。整体来看，本章概括了信息感知与交互设计的基础理论及发展趋势，包括符号学与信息、用户体验、交互的趋势等内容。

通过本章内容的学习和思考，能够建立信息感知与交互设计的知识框架，理解人类感知机制和认知规律，掌握信息设计的流程和方法，为创建更符合用户心智模型的信息呈现方式提供理论指导。这些知识和能力的培养，将为后续交互设计实践奠定坚实的理论基础。

第3章
交互设计的发展

3.1 交互设计

3.1.1 交互设计概述

交互设计是定义、设计人造系统行为的设计领域。交互设计要创造和建立人与产品之间的联系，预测产品的使用如何影响与用户的关系。因此，用户的使用场景以及用户心理都是在做交互设计时所要考虑到的要素。简单来说，交互设计其实就是着重于对人与人造物关系的塑造，其中涉及三个部分，即用户、人造物、人造物与用户之间关系。所以交互设计涵盖领域包括用户体验设计（User Experience Design）、人机交互设计（Human-Computer Interaction Design）、UI设计（User Interface Design），以及对整体流程进行关注的服务设计（Service Design）等。交互设计的相关概念有如下几类。

3.1.1.1 用户体验设计

用户体验设计是以用户为中心、以满足用户需求为目标的设计，设计过程注意以用户为中心，强调从用户的需求出发，在产品开发中把用户放在中心的位置，开发出符合用户需求的产品，取得最佳的用户体验[1]。

"用户体验"概念最初由诺曼（Norman）于20世纪90年代提出。此后，用户体验设计逐步得到广泛的应用，其内涵在不断扩充，涉及到的领域也越来越多，如心理

学、人机交互、可用性测试都被纳入用户体验的相关领域。加瑞特（Garrett J.J）提出了包括战略层、范围层、结构层、框架层、表现层在内的用户体验五大要素。

3.1.1.2 人机交互设计

人机交互（Human-Computer Interaction，HCI）是计算机科学和认知心理学结合的产物。同时，人机交互也吸收了语言学、人机工程学和社会学等学科的研究成果。经过三十余年的发展，人机交互已成为一门研究用户及用户与计算机的关系的主要学科。

随着计算机的发明、互联网的普及和科技的持续进步，人机交互应运而生。人机交互是一门交叉性较强的综合学科。美国计算机协会（Association for Computing Machine，ACM）把人机交互定义为一门关于设计、评价和实现供人们使用的交互式计算机系统，并围绕相关现象进行研究的学科[2]。

3.1.1.3 UI设计

UI是User Interface（用户界面）的缩写。UI设计即为用户界面设计，是对软件的人机交互、整体操作的逻辑以及操作界面的视觉美观性的整体设计[3]。

UI设计意在通过协调界面各构成要素，将信息高效地传递给用户，使用户尽可能多地获取他们想要了解的信息，提高人与界面

---

[1] 谭浩，尤作，彭盛兰. 大数据驱动的用户体验设计综述[J]. 包装工程，2020，41（2）：7-12，56.

[2] 熊美妹. 人机交互设计[M]. 北京：电子工业出版社，2023：1-2.

[3] 方圆. 简析UI设计的发展前景[J]. 包装世界，2017（6）：35-36.

交流的效率。在设计过程中，用户心理学、人机工学、设计学等都是设计师必须考虑应用到的学科。UI设计以用户使用行为为基础，因此，了解人们的情绪、感知、认知等心理过程及规律至关重要❶。

3.1.1.4　服务设计

国际设计研究协会（Board of International Research in Design）给服务设计下的定义是："服务设计是从用户的角度来为其提供服务，其目的是确保服务的全面性。从用户的角度来讲，服务包括有用、可用和好用；从服务提供者的角度来讲，服务包括有效、高效和与众不同。"服务设计是将良好的设计融入服务中，为用户提供优质的服务，让用户与产品之间能够有效沟通，从而创造良好的用户体验❷。

服务设计是一种有效的设计模式，用于组织、规划服务系统中的人、基础设施、沟通交流以及有形物质的各组成部分，以提高某项实体存在产品或无形服务的质量。整个服务的过程被看作由外而内、不断迭代的系统，需要规划者亲身处于各环节中，不断地发现并解决问题；设计者在各服务的环节自如运用设计的方法和技巧，系统会更加完善。设计一项服务的功能旨在调整原有的产品模式，找到尚未被各参与者满足要求的遗憾，在商业领域中创造一种新的服务模式，提供更好的帮助，通过再次规划，更好地满足人们的需求❸。

3.1.2　形态、内容、行为

3.1.2.1　交互形态

交互形态指用户与产品或系统进行交互时的各种方式、形式和特征。在实际的交互设计中，交互形态指交互过程中交互元素的表现形式，包括形状、布局、尺寸与色彩（图3-1）。

图3-1　交互形态

（1）形状

形状是交互元素的外观或轮廓。不同的形状可以传达不同的含义或信息。例如，圆形可能被用来表示连接或循环，而方形可能被用来表示稳定或坚固。

（2）布局

布局指交互元素在界面中的排列方式和组织结构。布局的好坏可以影响用户的视觉感知和操作体验。良好的布局能够使用户更容易找到所需的信息或功能，并提高界面的可用性。

（3）尺寸

尺寸表示交互元素的大小。合适的尺寸

❶ 窦晓晨. 浅谈UI设计中的视觉设计风格发展［J］. 戏剧之家，2017（7）：171.
❷ 李英. 服务设计发展综述［J］. 科技与创新，2016（10）：54.
❸ 罗仕鉴，邹文茵. 服务设计研究现状与进展［J］. 包装工程，2018，39（24）：43-53.

可以使交互元素在界面中更易于识别和操作。例如，按钮应该足够大，以便用户可以轻松地点击它，而文本框的大小应该适合用户输入所需的文本量。

（4）色彩

色彩指交互元素所使用的颜色。色彩在交互设计中起着至关重要的作用，它可以传达情感、吸引注意力、区分不同的元素等。合适的色彩选择可以提高用户体验，并使界面更具吸引力和可识别性。

3.1.2.2　交互内容

交互内容是用户与产品之间进行交互时涉及的信息和元素。理解交互内容对于设计和开发用户界面非常重要，它涉及用户与系统之间的信息传递和理解。交互内容包括语言的含义、色彩的隐喻、相对位置、层级与关系等，它们共同构成了用户与产品之间的交互体验（图3-2）。

（1）语言的含义

语言是交互设计的重要组成部分，包括文字、标语、按钮标签等。它的作用是传达信息、引导用户操作，并提供反馈。含义明确的语言可以帮助用户理解系统的功能和操作方式，减少误解和困惑。因此，使用简单、清晰、易于理解的语言非常重要。此外，语言的风格和口吻也需要考虑到目标用户群体的特点和偏好，以确保信息传达的有效性，提升用户体验。

（2）色彩的隐喻

色彩在交互设计中具有重要的视觉传达作用，不仅仅可以吸引用户注意力、引导用户操作、提供清晰反馈，还可以增强品牌识别度、建立情感连接、提升用户体验等。不同的颜色具有不同的含义和象征意义。例如，红色可能表示警告或紧急，绿色可能表示成功或安全。在设计中，要考虑到用户对颜色的感知和理解，选择合适的颜色来展示品牌理念、引导用户操作、传达产品信息。

（3）相对位置

相对位置指的是不同元素之间的空间关系，包括它们的距离、相对位置和排列方式。通过合理设置相对位置，可以使界面看起来更加条理化、清晰化，并且易于用户理解和操作。相对位置还可以用来传达元素之间的关联性和层次关系，可参考菲茨定律，将相关的功能或信息放置在相

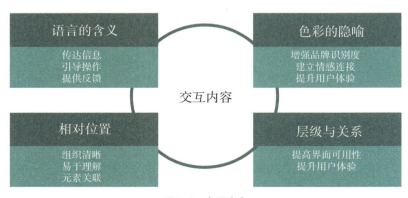

图3-2　交互内容

近的位置，从而帮助用户快速找到需要的内容。

（4）层级与关系

层级与关系指的是不同元素之间的重要性和关联程度。通过设置不同的层级和关系，可以帮助用户更好地理解界面的结构和组织。使用层级和关系可以帮助用户快速找到他们需要的信息，提高界面的可用性和效率。此外，清晰的层级结构还可以减少用户的迷惑和错误操作，提升用户体验和满意度。

3.1.2.3　交互行为

交互行为指的是用户与产品之间进行交互时所涉及的动作和反应，是用户在使用产品或系统时所表现出的一系列操作和行为，是交互产生的前提与条件，包括流程、点击次数、移动距离、姿势、转换方式等（图3-3）。

（1）流程

流程指用户在完成特定任务或操作时所经历的步骤和顺序。设计良好的流程能够引导用户顺利完成任务，提高用户体验。在设计流程时，需要考虑到用户的心理模型和行为习惯，确保流程逻辑清晰、简洁明了，避免用户迷失或困惑。

（2）点击次数

点击次数指用户在界面上进行点击操作的次数。减少不必要的点击次数可以提高用户效率和操作舒适度。设计时应尽量简化操作，将常用功能置于易于访问的位置，减少用户的点击次数，减轻用户的操作负担。

（3）移动距离

移动距离指用户在界面上进行操作时所需移动的手指或鼠标的距离。较大的移动距离可能会增加用户的疲劳和操作时间。设计时应尽量减少不必要的移动，将相关功能或信息放置在用户可直接访问的位置，降低用户的操作难度和疲劳感。可以参考菲茨定律进行元素距离的设计。

（4）姿势

姿势指用户在操作设备时的姿态和动作。不同的设备和操作方式可能需要不同的姿势。设计时应考虑到用户的经验习惯与姿势舒适度，尽量减少不必要的动作，确保符合用户的生理与心理的认知，符合逻辑，并保持用户的操作姿势自然和舒适。

（5）转换方式

转换方式指用户在不同界面或功能之间进行切换时所采用的方式。例如，通过菜单、标签、手势等方式进行转换。设计时应选择合适的转换方式，使用户可以快速、直观地切换到所需的界面或功能，提高用户的操作效率和体验。

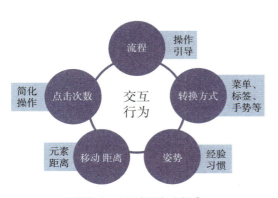

图3-3　主要交互行为组成

3.2　宏观领域中的交互设计历史

3.2.1　交互设计概念的发展脉络

3.2.1.1　国外交互设计概念的发展脉络

1960年，约瑟夫·利克莱德（J.C.R. Licklider）首次提出人机紧密共栖（Human-Computer Close Symbiosis）的概念，被视为人机界面学的启蒙观点。20世纪80年代，由于信息技术的发展，硬件软件相结合的产品系统形式走进大众视野。交互设计是从人机工程学中独立出来的，它更加强调认知心理学、行为学和社会学等学科的指导理论。

1984年，IDEO设计公司创始人比尔·莫格里奇（Bill Moggridge）提出了"交互设计"这一概念。随着数字技术的发展，人们与产品之间的互动方式已经发生了变化，信息时代中交互产品的设计已不再仅是以造型为主的活动，不再只是设计出精美或实用的物体，而是将设计的重点逐渐转向为关注如何优化用户与产品之间的互动过程。交互设计被定义为：随着时间变化，用户在使用产品的过程中，根据自身的需求和对即时情境的判定做出使用行为，产品接受行为的操控、运行相应的内容并给出具体形式的反馈，用户再根据反馈和对新的情境的判断，做出下一个行为，如此循环形成了一个行为的序列和使用的过程（图3-4）❶。

在1999年，美国学者西多夫（Shedroff）

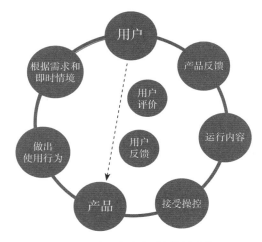

图3-4　交互行为序列和使用过程

就发表论文指出，应该把信息设计和交互设计结合在一起考虑，将其看成一个统一领域的设计理论（A Unified Field Theory of Design）。西多夫主张，信息交互设计是由"信息设计""交互设计""感知设计"这三个设计方向交叉组成的；西多夫把它称为"信息交互设计"（Information Interaction Design）。信息交互设计的核心任务，是在信息社会语境下构建更高效的人机协作范式，通过建立规范化的信息传递框架与行为约束机制，系统优化人类在数字化环境中的交互模式。

3.2.1.2　国内交互设计概念的发展脉络

国内关于信息交互设计的理论研究和应用实践至今不到二十年的进程，相关研究较早的著作是李乐山教授的《人机界面设计》及《工业设计心理学》，当中提到了一些基于用户调研、用户模型、用户心理及可用性

---

❶ 鲍懿喜. 从硕士学位论文看卡耐基·梅隆大学交互设计的研究特色［J］. 南京艺术学院学报（美术与设计），2017（6）：205-208.

测试的设计方法。随着人们对产品质量要求的提高以及对用户体验的日益重视，我国很多大公司都成立了用户体验中心，如腾讯ISUX、阿里UED、百度UXC等，处于发展前沿的北京、上海和广东相继出现了知名的交互设计机构。各大高校设计类专业的领军人物对交互设计也越来越重视。

在学术界，早期香港理工大学等高校通过引入国外交互设计相关理论，为学科发展奠定了基础，当前国内院校在持续吸收全球前沿成果的同时，更注重构建具有本土适应性的理论框架。从交互设计相关学术研讨会和行业峰会上可见端倪，各大高校开始主导一些特色议题和本土化创新实践。通过整合学科优势与产业资源，逐步突破对国外理论的路径依赖，在医疗健康、智慧城市等领域形成具有本土适应性的交互范式，逐步构建了具有自主特色的理论体系，实现了从理论移植到生态共建的跨越。

3.2.2　交互设计的发展阶段

3.2.2.1　第一阶段：机械化交互设计（20世纪60—80年代）

交互设计起源于计算机科学领域，其目的是使人们能够更好地与计算机进行互动。在计算机出现初期，其工作大多集中于工程设计，解决的问题以计算机本身的问题为主，如计算机的运算速度等。直到视觉显示终端（Visual Display Terminal，VDU）的出现，人机界面的概念才得以萌发。这个时期的交互设计（计算机界面设计）仅仅是少数的计算机专家在做，相关的理论成果也只是发表在《国际人机研究》等专业期刊上。

1963—1964年，IBM公司推出了IBM 2250终端显示器。这是一种基于荧光屏的视觉显示终端，具有独立的文字和图形显示能力，而且用户能够通过屏幕和键盘与计算机进行交互，因此该终端被视作计算机图形用户界面的雏形。然而，在这一时期，用户界面设计面向的群体仍然是技术专家，缺乏对一般用户的考虑和关注。

随着人机界面设计的逐渐发展和普及，交互设计逐渐被更多人所重视，并成为计算机科学和工程领域的重要研究方向之一。

3.2.2.2　第二阶段：图形化交互设计（20世纪80—90年代）

随着计算机硬件和软件的发展，图形用户界面逐渐取代命令行界面（CLI），人们可以通过图形化的界面操作计算机。这时的交互设计，在理论上更加强调行为学、认知心理学和社会科学等相关理论。在实际应用中也脱离了简单的界面设计，强调交互过程中机器的反馈作用。也正是这个时期，"人机交互"取代"人机界面"成为行业专家的共同观点。

苹果公司于1984年推出的Macintosh个人电脑（图3-5）。Macintosh引入了图形用户界面和鼠标等创新的交互设计元素，使得用户可以通过直观的图形界面进行操作。与此同时，Macintosh还引入了一种叫作"严肃游戏"（Serious Play）的设计理念，强调用户与计算机之间的互动体验应该更加轻松愉快，从而增强用户的参与度和忠诚度。

图3-5　Macintosh 128k

在Macintosh的设计中,交互设计团队不仅关注界面的外观和布局,还注重用户的行为和体验。他们通过用户研究和反馈机制来改进产品设计,使得用户能够更加自然地与计算机进行交互,从而提高了用户的满意度和使用效率。这一时期的交互设计不再是简单的界面设计,其更注重用户与计算机之间的动态互动过程,强调了人机交互的重要性❶。

3.2.2.3　第三阶段:多媒体交互设计 (20世纪90年代至21世纪初)

随着计算机图形处理能力的提升和互联网的普及,多媒体技术开始在交互设计中得到应用。多媒体交互设计强调以图象、声音、视频等多种媒体形式丰富用户的交互体验,工作、学习、娱乐、休闲都成为人机交互设计的切入点。这个时期,包括人种学家在内的更广泛的跨学科设计团队开始加入人机交互设计领域,最明显的表现就在于设计人员广泛认可了以用户为中心的设计思想,并开始自觉地运用到设计实践中去。用户需

求成为最重要的设计指导原则。

1998年,谷歌公司成立,并推出了其首个搜索引擎(图3-6)。谷歌的搜索引擎以其简洁、高效的界面设计和强大的搜索算法迅速吸引了用户的注意。谷歌强调"以用户为中心"的设计理念,不断优化用户体验,将用户需求置于设计的核心位置。他们通过用户研究和反馈机制不断改进产品,使得用户能够更加轻松地找到所需信息。谷歌的成功标志着以用户为中心的设计思想在人机交互设计领域的普及和应用,这一时期设计团队开始更加关注用户的需求和体验,将用户的满意度作为最重要的设计指导原则。

图3-6　1998年谷歌搜索引擎

3.2.2.4　第四阶段:移动交互设计 (21世纪初至今)

随着智能手机和移动应用的兴起,移动交互设计成为交互设计领域的重要分支。移动设备不仅提供了更加便携的交互方式,还为用户的交互体验带来了更大的灵活性,此时交互设计不再局限于计算机界面,产品实体界面也变得和图形界面一样成为与用户交互的媒介。交互设计的重点转移至虚拟交互、多通道交互、多媒体交互等方面,并且

---

❶ 黄本亮.交互设计的语义层面[J].包装工程,2013(2):38-41.

将如何降低交互情景中用户进行界面识别和认知的精力作为新的研究课题，强调提高人的本位需求和交互效率。"人机交互设计"也正式演变成为"交互设计"。

苹果公司于2007年推出iPhone（图3-7）。iPhone彻底改变了手机设计和用户体验的规范。iPhone采用了全触摸屏设计，取消了传统的物理按键，用户通过触摸屏幕进行操作和交互。同时，iPhone引入了直观、流畅的图形用户界面，用户可以通过手势、滑动等方式与手机进行交互，实现了多媒体、多通道的交互体验。iPhone的成功标志着交互设计已经超越了传统的计算机界面设计，成为产品设计的核心要素之一，强调提高用户体验和交互效率。

图3-7　2007年iPhone

3.2.2.5　第五阶段：智能交互设计（未来展望）

随着人工智能、虚拟现实和增强现实等技术的迅速发展，交互设计进入了一个全新的时代。智能交互设计将更加关注人与计算机之间的智能交互，在这个阶段设计师们将面临更多挑战和机遇，需要应对日益复杂的用户需求和技术发展。一个显著的特点是个性化用户体验的重要性。许多应用和网站开始利用用户数据和机器学习算法来提供个性化的服务和建议。例如，视频流媒体平台如Netflix和YouTube等，会根据用户的观看历史和喜好推荐相关内容，电子商务网站Amazon则会根据用户的购买历史和浏览行为推荐产品（图3-8）。

另一个重要的趋势是增强现实（AR）和虚拟现实（VR）技术的发展。这为交互设计带来了全新的挑战和可能性。设计师们需要探索如何在虚拟环境中创建直观、沉浸式的用户体验。例如，虚拟现实游戏和培训应用的设计需要考虑用户在虚拟环境中的行为和反馈，以及如何通过手势、语音等方式进行交互。

智能语音助手和聊天机器人等应用的普及也是当前时期的一个显著特点。这促使设计师们关注自然语言处理技术的应用和交互设计。设计师需要考虑如何设计自然、流畅的对话界面，并确保系统能够准确理解用户的意图和指令。例如，智能家居设备如智能音箱和智能家居应用需要提供简洁明了的语音交互界面，以便用户方便地控制设备和获取信息。

此外，可访问性和包容性变得越来越重要。设计师们需要考虑到各种用户群体的需求和能力，包括残障人士、老年人和不同文化背景的用户。网站和应用程序需要提供多样化的界面选项和辅助功能，以确保所有用户都能方便地使用和访问。

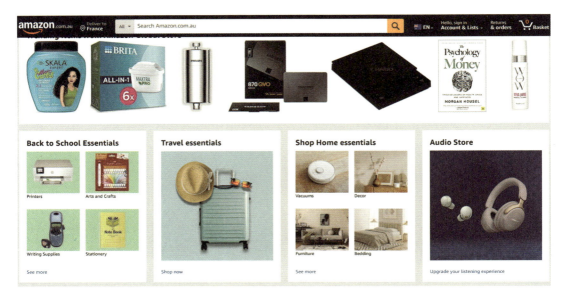

图3-8　Amazon根据用户性别推荐产品

3.3　交互硬件和软件交互的历史

3.3.1　交互硬件的历史

1946年"ENIAC"的诞生被广泛视为现代计算机的起点，它是世界上第一台通用电子计算机，也催生了人机交互这一重要学科分支。ENIAC时代，计算机的体积庞大，操作极为复杂，普通用户难以操作。其交互系统依赖于穿孔纸带介质，需要用户使用打孔卡片来输入指令，每个孔代表一个特定的字符或数字，用户需要按照特定的顺序打出孔来传达指令。这种交互方式效率低下且容易出错，编程过程更是烦琐且耗时，由此催生了交互范式的革新需求，推动了交互范式从物理操作向符号化界面的革命性转变，为现代图形用户界面的发展埋下伏笔（表3-1）。

表3-1　人机交互发展历程

时间	事件	意义
1946年	ENIAC计算机在宾夕法尼亚大学诞生	人机交互最初形式为打孔纸条
1964年	道格拉斯·恩格尔巴特（Douglas Engelbart）发明鼠标	进入PC（个人计算机）时代
20世纪70年代	艾伦·凯（Alan Kay）提出了对象程序设计，并发明了重叠式多窗口系统	重叠的多窗口系统是现代操作系统的雏形
1985年	IBM为个人电脑配置101键标准键盘	图形用户界面时代到来，奠定现代键盘布局
1985年	微软推出第一代操作系统，初代为Microsoft-DOS模拟环境	商用操作系统出现，个人计算机数量剧增

续表

时间	事件	意义
1989年	蒂姆·伯纳斯·李（Tim Berners-Lee）使用超文本标记语言（HTML）及超文本传输协议（HTTP）开发了万维网，随后出现了互联网用户界面（网络浏览器）	标志着互联网时代的到来
20世纪90年代	MIT的媒体实验室在先进人机交互技术领域（包括语音交互、手势交互、虚拟现实），做了许多开拓性工作	为21世纪的人机交互和人工智能发展进行前期探索指明方向

由上表可见，人机交互的发展是一段从用户适应机器到机器适应用户的历史过程。人机交互的发展历史可以分为以下几个阶段（图3-9）：第一阶段，手工作业阶段，以打孔纸条为代表；第二阶段，交互命令语言阶段，用户通过编程语言操作计算机；第三阶段，图形用户界面阶段，Windows操作系统是这一阶段的代表；第四阶段，智能人机交互阶段，语音交互、虚拟现实等智能人机交互的出现❶。

图3-9　人机交互的发展历史

第一阶段 手工作业　第二阶段 交互命令语言　第三阶段 图形用户界面　第四阶段 智能人机交互

3.3.2　软件交互的历史

软件交互的历史可以追溯到计算机诞生之初。早期的计算机系统主要采用命令行界面，用户需要通过输入特定的命令来与计算机进行交互。这种界面简单直接，但对于非专业用户来说不够友好。典型的例子包括DOS系统和UNIX系统。

随着技术的发展，图形用户界面逐渐出现，这是软件交互历史上的一次重大转折。图形用户界面通过图形化的图标、菜单和窗口等元素，使得用户可以通过鼠标点击等方式更直观地操作计算机。1984年，苹果公司推出了Macintosh个人电脑，搭载了首个商用图形用户界面操作系统。此后，微软公司也推出了Windows操作系统，进一步普及了图形用户界面的概念。

进入互联网时代，图形用户界面的发展更加迅速。随着互联网的普及，网页浏览器成为人们接触网络世界的主要工具。互联网时代的图形用户界面不仅包括桌面操作系统上的应用程序界面，还包括网页浏览器中的用户界面，如网页设计和网络应用程序界面❷。

移动应用界面是软件交互历史的又一重要里程碑。随着智能手机的普及，移动应用成为人们日常生活中不可或缺的一部分。从最早的Palm Pilot和诺基亚手机开始，到现代的iOS和Android应用界面，移动应用界

❶ 罗兰. 交互设计情感化设计现状及发展研究综述［J］. 中国包装, 2018（12）: 33-35.
❷ 潘越. 浅析物联网时代下的交互设计［J］. 设计, 2017（3）: 50-51.

面经历了巨大的变革和发展，为用户提供了更加便捷、直观的交互体验。

　　未来趋势方面，随着技术的不断进步，软件交互形式也将不断创新。增强现实（AR）界面和虚拟现实（VR）界面等新兴技术将进一步改变人们与计算机系统的交互方式，为用户带来更加丰富的体验。

　　这些历史事件展示了软件交互界面的演变和发展趋势，从命令行界面到图形用户界面再到移动应用界面，以及未来可能的发展方向，都体现了人机交互领域不断探索和创新的精神❶（图3-10）。

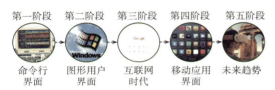

第一阶段　第二阶段　第三阶段　第四阶段　第五阶段
命令行界面　图形用户界面　互联网时代　移动应用界面　未来趋势

图3-10　软件交互的历史

3.4　交互方式的变迁

3.4.1　键盘

3.4.1.1　命令行交互（20世纪60—70年代）

　　命令行交互（Command Line Interaltion, CLI）指用户在命令行输入区输入指令后回车，电脑再根据用户指令给出相应反馈（图3-11）。

　　初始阶段：命令行基础交互。早期个人计算机如IBM个人电脑搭载MS-DOS系统，用户需通过键盘输入文本指令驱动操作，系统以字符终端反馈结果。这种交互模式要求用户熟记数百条命令及参数组合，操作效率严重受限。命令行界面的非直观特性不仅抬高了其使用门槛，更迫使操作者持续在任务目标与机器语言间进行认知转换，造成认知负荷过载与用户体验缺失。

　　发展阶段：增强交互功能。随着计算机系统的发展和用户需求的增长，命令行交互经历了一系列增强交互功能的改进。主要特征包括：命令行历史记录，引入了命令历史记录功能，允许用户在之前执行过的命令之间进行导航和查找。命令自动补全，支持命令和文件名的自动补全，用户可以通过按下Tab键来快速完成命令或文件名的输入。脚本和批处理，开始使用脚本和批处理文件来批量执行一系列命令，实现自动化操作。多任务支持，引入了对多任务和并发操作的支持，允许用户同时执行多个命令或任务。

　　现代阶段：多样化和扩展。在当今计算机系统中，命令行交互仍然持续发展并得到广泛应用，具有更多的功能和灵活性。主要

```
print("Welcome to the Command Line Calculator.")
print("Type 'exit' to quit the program.")

while True:
    print("\nEnter your command:")
    command = input("> ")

    if command.lower() == 'exit':
        print("Exiting the program. Goodbye!")
        break

    try:
        result = eval(command)
        print(f"Result: {result}")
    except Exception as e:
        print("Error: Invalid command or expression.")
```

图3-11　命令行交互

❶ 刘冉. 交互设计理论的现象学研究［J］. 包装工程，2016（16）：69-72.

特征包括：高级命令和工具，出现了大量的高级命令和工具，用于执行复杂的系统管理、开发和运维任务。多平台支持，命令行交互已经在多种操作系统和平台上得到广泛支持，包括Unix/Linux、Windows和macOS等。图形界面集成，许多图形界面工具和应用程序都提供了命令行界面的支持，用户可以通过命令行来进行更高级的操作和定制。开源社区贡献，开源社区不断贡献新的命令行工具和库，丰富了命令行界面的功能和生态系统。

总的来说，纯文本命令行交互经历了从基础功能到增强功能再到多样化和扩展的演变过程，成为了一种功能强大、灵活多样的交互方式，至今仍被广泛应用于各种计算机系统和应用场景。

3.4.1.2 键盘鼠标交互

键盘鼠标交互经历了多个阶段的变迁。在计算机的早期阶段，主要使用键盘进行输入和命令控制。例如，20世纪70年代的早期个人计算机如Altair 8800就是通过键盘输入二进制指令来进行操作的。到了20世纪80年代，随着个人计算机的普及，键盘鼠标交互方式成为主流。这时期的计算机系统主要采用基于文本的界面，用户需要通过键盘输入命令执行操作，如微软磁盘操作系统（MS-DOS）就是一个典型的例子。

然而，1984年苹果公司推出了Macintosh个人电脑，这标志着图形用户界面的出现，引领了键盘鼠标交互方式的革命。图形用户界面使用图形化的界面元素如窗口、图标、菜单等，用户通过鼠标点击这些图形元素进行操作，大大简化了交互流程。这一变革使得计算机的使用更加直观，提升了用户体验感。

随着互联网的普及，键盘交互方式进一步演变。人们可以通过键盘输入网址、搜索关键词等来浏览网页，使用互联网浏览器如Netscape Navigator和Internet Explorer成为主流。然而，2007年苹果公司推出了首款iPhone，触摸屏交互方式兴起。触摸屏取代了传统的键盘和鼠标，用户可以通过手指直接在屏幕上进行操作，如滑动、点击、缩放等，这标志着键盘鼠标交互方式进入了一个新的时代。

随着移动设备和智能手机的普及，触摸屏交互方式逐渐成为主流，而传统的键盘鼠标交互方式在某些领域仍然保持着重要地位，如在办公室环境中的计算机操作。这些变迁反映了键盘鼠标交互方式从最初的文本命令控制到图形化界面和触摸屏交互的演变过程，为用户提供了更加便捷、直观的交互体验（图3-12）。

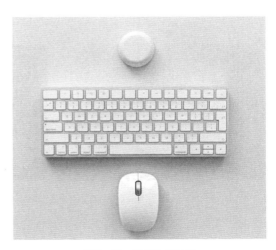

图3-12　键盘鼠标交互

3.4.2 触控

触摸交互经历了多个阶段的变迁。最早的触摸屏技术可以追溯到20世纪70年代，但在当时主要被用于科学研究和工业控制领域，并没有广泛应用于消费电子产品中。

20世纪90年代末至21世纪初，随着个人数码设备的普及，触摸屏技术开始进入消费电子产品市场。Palm Pilot等PDA（个人数字助理）设备采用了简单的触摸屏交互方式，用户可以使用手写笔或手指在屏幕上进行输入和操作。

2007年，苹果公司推出了首款iPhone，这是触摸交互方式的重大突破和革新。iPhone的成功推动了智能手机行业的发展，并成为触摸屏技术的代表。iPhone采用了多点触摸屏技术，使用户可以通过手指直接在屏幕上进行多种手势操作，如滑动、点击、缩放等，大大提升了用户的交互体验。

随着智能手机的普及，触摸屏技术开始应用于其他类型的消费电子产品，如平板电脑、智能手表、汽车导航系统等。触摸屏技术的进步和普及使得用户可以更加直观、自然地与设备进行交互，成为了现代消费电子产品的主流交互方式。

迄今为止，已有多指同时触摸、3D Touch等技术的存在（图3-13、图3-14）。其中，3D Touch技术借助压力传感器实现对手势压力的辨识完成交互行为。基于红外、激光等光源和显示设备的投影式多点触摸技术也是近年来研究的热点（图3-15）。目前，触摸交互技术已基本成熟，但是用户体验仍需进一步提升。一方面，触觉反馈的真实性较差，无法模拟真实的用户触摸感受；另一方面，用于人机交互的手势存在一定的局限性，比较单调和有限❶。

3.4.3 语音交互

20世纪50年代，贝尔实验室研发出首个单人语音数字系统，奠定了语音技术研究的基础。20世纪90年代，第一个可行的、非特定的语音识别系统（即不限定使用者的通用型语音识别）诞生，交互式语音应答（Interactive Voice Response，IVR）系统的出现开启了语音用户界面（Voice User

图3-13 触摸交互

图3-14 3D Touch 技术

图3-15 多点触摸技术

---

❶ 杨随先，刘行，康慧，等. 互联网＋智能设计背景下的交互设计与体验［J］. 包装工程，2019（16）:1-13.

Interface，VUI）的第一个重要时期。虽然语音技术很早就出现了，但由于人工智能及其他技术水平限制，像Siri这类集成视觉和语音信息应用（图3-16），以及纯语音交互的硬件产品，直到近几年才逐步发展并成为主流（图3-17）。虽然手机已可以用语音处理许多事务，但是仍存在盲区。语音用户界面交互不受实体用户交互界面形式的限制，用户可在任何时间、任何地点，以自然的方式进行信息的获取与处理，这是语音用户界面的一大特色。

3.4.3.1　语音用户界面交互技术特点

语音用户界面产品作为一种相比图形用户界面更加自然和普适、对用户感官更少占

图3-16　iOS系统Siri

图3-17　语音交互产品

用的交互方式，具有自然、人性化、有效减少用户摩擦的交互特点。在交互过程中，语音用户界面能降低用户的使用门槛，减少用户学习成本，解放操作者的双手，目前已经成为各大软件公司进入AI市场的一个主要的切入点。语音用户界面以语言来建立人与机器沟通的桥梁，语音用户界面聚焦于发挥语言和表意的强大力量，通过模拟人们日常的语言来交流，真实、自然地表达和获取反馈，获取用户的信任、传递信息。相较于图形用户界面需依赖视觉提示与短期记忆的交互流程，语音交互的流程更加直接，用户不再像过去图形用户界面的体验一样，而只需要通过有限的语音提示以及短期记忆来完成操作，甚至可以发出不同的语音指令来期望获得同一个反馈，大幅提升了交互效率与自由度（图3-18）。

3.4.3.2　语音用户界面交互技术

语音用户界面交互技术主要包括语音识别技术、语音合成技术以及语义理解技术。

（1）语音识别技术

语音识别技术是指将用户输入的语音转化为相应的文本或命令（图3-19），即让机器可以"听到"人说话的内容。尽管语音识别技术取得了较大的进步，但仍然有一些技术难点未得到突破，对用户进行语音交互体

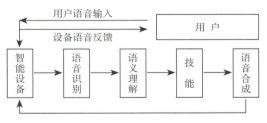

图3-18　语音交互示意图

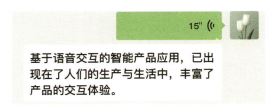

基于语音交互的智能产品应用，已出现在了人们的生产与生活中，丰富了产品的交互体验。

图3-19　微信语音识别

验的效果有一定影响，还不能够通过语气和语调来有效识别用户情绪。

（2）语音合成技术

语音合成技术是通过将文本转化为合成语音，使机器可以像人一样"说话"的技术系统。目前，语音合成的自然度和灵活度已经基本达到实用要求，但是其情绪拟真度仍需提高。

（3）语义理解技术

语义理解技术是指机器对语音识别的结果进行分析，目的是理解用户的意图（图3-20、图3-21）。目前，针对词汇级的语义理解技术已经成熟，针对句子和篇章级的语义理解技术也实现了重要突破。

3.4.3.3　语音用户界面交互技术应用

（1）智能家居

在家庭相对封闭且干扰较少的特定场景下，通过语音交互指令控制家居开关。配备语音交互系统的智能家居，将实现精准指令响应，每项语言指令均可实时调控家居运行状态。

（2）辅助驾驶

车载语音交互系统通过释放驾驶员双手和视觉注意力，使其能专注于前方的路况，如接听电话、开关车窗、播放广播音乐、路线导航等操作都可使用语音交互指令。

（3）企业应用

未来会有大量专业知识型岗位面临工作流程简化或职能替代，如文本、数据的录入工作，以及客户服务工作等，其工作内容将逐步由语音交互系统接管。

（4）医疗和教育

语音病历记录技术作为提升诊疗效率的有效辅助手段，可同步优化医生工作负荷与患者就诊体验；在教育领域，语音交互技术可支持课堂实时问答、语言学习辅助等场景，通过自适应反馈机制提升教学互动质量。

（5）产品应用

语音交互技术已深度融入人们的生产生活场景中，丰富了产品的交互体验模式，但其应用仍存在一些瓶颈。一方面，市面上多数语音系统对上下文语义的理解能力局限导致交互停留于单句指令应答层级，机械化的

图3-20　Siri

图3-21　智能语音音箱

问答模式制约了操作的流畅性；另一方面，异常状态处理机制缺乏人性化设计，有时出现"未识别指令""系统异常"等程式化反馈，显著降低用户使用意愿。

3.4.3.4 语音用户界面交互技术与图形用户界面交互技术的对比

图形用户界面交互技术在清晰、高效、通用性方面更具优势，能够精准满足用户信息获取需求，具有较好的功能延展性和通用性。相较语音用户界面"一问一答"式的离散信息交互模式，图形用户界面可通过结构化视觉布局实现连续的高效操作。语音用户界面致力于营造自然亲和的交互体验，强调情感化与拟人化的人机互动温度。在场景覆盖维度，两类界面技术形成互补优势：语音交互界面在驾车操控、烹饪操作或设备物理接触受限等场景中，可高效响应用户需求；而面对环境噪音干扰、隐私保护诉求（如公共场所操作）及静默场景（如图书馆）等特殊条件时，图形用户界面仍是合适的选择（表3-2）。

表3-2 语音用户界面与图形用户界面交互技术对比

分类	语音用户界面	图形用户界面
界面操作	无	有
操作方式	语言	双手
学习成本	较低	较高
使用效率	较高	较低
覆盖场景	不易操作设备时	公共场合等

3.4.4 体感交互

体感交互是通过捕捉用户手势、肢体运动等行为数据，实现与技术设备间实时数据交互及功能映射的交互模式。该技术通过降低操作复杂度（无需物理接触设备）与提升动作反馈即时性，显著增强用户操控参与度与场景沉浸感。其技术实现主要依赖光学传感（如深度相机）与惯性传感（如陀螺仪）等感知方案，实际应用中不同感知技术通常联合使用。

3.4.4.1 光学感测

基于光学传感的体感交互技术主要包括深度测量、前景分割、动作识别三大核心模块。深度测量是通过三维坐标重构技术获取人体骨骼点云数据及场景空间信息，量化用户与物体、环境的相对空间关系；前景分割是运用图像语义分割算法精准定位用户肢体轮廓，将其从复杂背景中剥离，为后续动作分析建立独立数据空间；动作识别是基于机器学习算法对人体运动轨迹及姿态参数进行模式匹配，实现动作意图的实时分类解析。基于光学感测的体感交互技术受环境因素影响较大，比如用户服装色差、肢体遮挡、光照变化及动态背景干扰等，导致复杂场景下动作识别置信度显著降低。其次，现有技术方案暂无法实现力反馈，限制了精细交互体验的发展。

3.4.4.2 惯性感测

基于惯性传感的体感交互技术，其原理是通过惯性传感器（如陀螺仪、加速度计）采集数据，建立人体各关节运动姿态的映射模型，从而实现动作识别。相较光学传感技术，其运动数据维度更丰富，可获取更多参数信息，并且环境适应性更强，基本不受光照变化、物体遮挡等干扰。该技术也面临一些应用局限，其一是用户需要佩戴传感器装置（如手环、关节绑带），直接影响动作自然性与沉浸式体验；其二是佩戴硬件会改变人体运动惯性特征，导致交互过程存在肢体动作失真风险。当前该技术已渗透多领域交互场景，包括教育培训、医疗复健、心理治疗、游戏娱乐（图3-22）、虚拟展示（图3-23）、虚拟现实（图3-24）等垂直应用方向。

目前，体感交互在产品应用层面主要存在以下四个问题。

第一，体感交互需要用户通过各种肢体动作完成人与机器之间的互动，虽然可以提供短时间的新鲜体验，但持续运动负荷容易引发用户肌肉疲劳与注意力涣散，导致交互可持续性下降。

第二，相较于图形界面（GUI）与语音用户界面（VUI），体感交互可有效映射的标准化动作数量受限，复杂动作设计会让用户承担较高的认知成本，并且受传感器精度制约容易产生误识别。

第三，受限于现有力反馈技术，用户难以通过体感交互获得真实物理接触的力学感知，操作沉浸感较弱。

第四，基于惯性传感的产品需要用户佩戴传感器，设备重量容易破坏用户肢体运动的自然特征，也可能导致动作轨迹失真，影响人机交互体验。

3.4.5　生物识别交互

生物识别交互可通过计算机与光学、声学、生物传感器和生物统计学原理等高科技手段的密切结合，利用人体固有的生理特性（如指纹、脸像、虹膜等）和行为特征（如笔迹、声音、步态等）来进行个人身份的鉴定；生物识别系统就是能利用生物识别技术的软件、硬件设施；而生物识别交互是指建立在生物识别基础之上的交互，其目的是使用户摆脱任何形式的交互界面，使输入信息的方式变得越来越简单、随意、任性，借助于人工智能与大数据的融合，直观、直接、全面地捕捉人的需求，并进行协助处理。

生物识别交互经历了阶段性的变迁。最早的生物识别技术主要用于安全领域，如指纹识别和虹膜识别等。随着科技的不断进步，生物识别技术逐渐应用到交互领域。

图3-22　体感交互游戏

图3-23　虚拟展示体感交互装置

图3-24　VR眼镜

触摸生物识别交互方式的发展最早可以追溯到指纹解锁手机的功能。随着智能手机的普及,指纹识别技术被广泛应用于手机解锁和支付功能,提升了用户的使用便捷性和安全性。后来,随着人脸识别技术的发展,生物识别交互方式进一步扩展到了人脸解锁和身份验证领域。例如,苹果公司推出的Face ID功能利用面部特征进行用户身份验证,取代了传统的密码和图案解锁方式,提供了更加安全和便捷的用户体验。

另外,生物识别技术还被应用于其他领域,如生物识别支付、门禁系统、健康监测等。例如,某些智能手环和手表采用了生物识别技术,可以通过用户的心率、血压等生理特征进行身份验证和健康监测。这些应用进一步拓展了生物识别交互方式在日常生活中的应用范围,为用户提供了更加智能和便捷的交互体验。

生理识别交互是指通过采集人体生理特征数据实现用户与计算机系统间的信息传递与控制。其中,眼动交互作为重要分支,依托视线追踪技术实时捕捉用户的视觉焦点信息,并将眼部运动数据转化为控制指令(图3-25)。当前主流视线追踪技术可分为硬件测量法和软件测量法两大技术路径。

(1)硬件测量法

典型方案是采用头盔或头戴支架固定用户头部,通过红外光源照射眼球,利用高灵敏度传感器记录瞳孔反射光斑位移,结合角膜曲率模型计算视线方向。该方案虽精度较高,但设备体积与佩戴束缚感对用户体验影响显著。

(2)软件测量法

核心依赖图像处理技术,基于计算机视觉算法实时捕捉眼部特征,通过瞳孔定位和角膜反射点坐标计算视线落点。此方法虽降低硬件依赖,但需处理复杂光照干扰与个体眼部结构差异。

眼动交互技术在应用中存在一些局限性。生理层面,注视过程中眼球的微震颤以及无意识眨眼行为可能会导致数据异常;技术层面,环境光线突变、设备佩戴偏移等因素易引发视线定位偏差,现有算法在复杂场景下的抗干扰能力不足,同时硬件设备的舒适性与适配性仍有待提升。

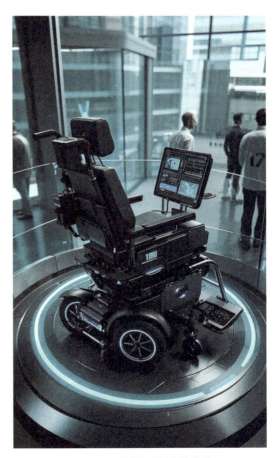

图3-25 眼动交互技术的轮椅

3.4.6　生理信号交互

生理信号交互是一种利用人体生理信号与计算机或智能设备进行交互的方式。通过监测心率、脑电波等生理信号，系统可以识别用户的意图、情绪状态或其他信息，并据此进行相应的响应或操作，实现更加自然、直观的用户体验。生理信号交互作为一种新型交互模式已经逐渐引起国内外学者的关注。通过传感设备实时监控和分析用户的各种生理信号，并做出相应的反馈（图3-26）。

3.4.6.1　生理信号交互技术支持

生理信号交互技术依据信号采集方式可分为植入式和非植入式两大类。

（1）植入式

植入式交互技术需通过外科手术在皮肤表层或大脑皮层植入电极阵列，直接采集神经电信号。由于有创操作，其技术门槛较高，现阶段主要应用于高精度医疗场景。

（2）非植入式

非植入式交互技术通过无创传感设备，利用体表电极、光学传感器捕获生理信号，包括脑电波（EEG）、心电（ECG）（图3-27）、肌电（EMG）、皮肤电（EDA）、呼吸形态（RSP）、脉搏（PPG）、血压等，系统通过实时解析这些生物电与力学信号，实现相应的人机交互反馈。

植入式系统相较于非植入式方案具备信息量大、分辨率高等优势。但在生理信号交互技术的研究中，认知神经科学尚未完全解析大脑信息编码机制，相较于视觉交互、语音交互，生理信号交互算法的准确率还处于较低水平。

3.4.6.2　生理信号交互技术应用

植入式技术领域，目前埃隆·马斯克旗下脑机接口公司Neuralink已将脑机芯片先后植入三名受试者体内，第一代产品通过读取用户大脑的运动皮层信号，来控制电脑或手机上的光标，使用户能够通过想法来控制电脑或手机。2018年知名脑机接口公司BrainGate的临床试验结果显示，其植入式产品"BrainGate2"帮助瘫痪的参与者利用"意念"操作平板电脑。

当前生理信号交互产品功能仍集中于基础场景（如医疗辅助），且面临多重限制，比如用户注意力波动和体能消耗导致交互准确率下降，植入式设备存在排异风险，非植入式产品依赖传感器，佩戴舒适性差等。整体上，生理信号交互技术的成熟度与用户体验仍有较大提升空间。

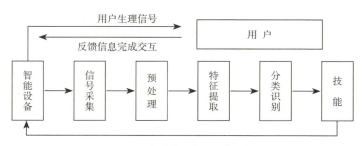

图3-26　生理信号交互工作示意图

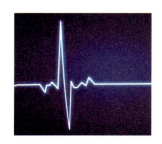

图3-27　心电图

3.5　交互设计的趋势

3.5.1　交互设备发展趋势

3.5.1.1　交互设备的性能发展趋势

交互设备的性能发展首要体现在核心处理能力的持续突破。现代处理器通过先进制程工艺与多核架构设计，显著提升计算效能与多任务处理能力。以智能手机为例，其芯片性能的迭代使得复杂动态界面渲染、实时AR效果生成等设计需求得以实现，为交互设计师提供了更自由的创意实施空间。这种硬件进化要求设计师深入理解设备性能边界，在动效复杂度与运行流畅度之间取得平衡（图3-28）。

其次，人机交互的即时性与视觉呈现质量成为关键发展维度。触控响应速度的毫秒级优化确保了操作跟手性，高刷新率屏幕配合图形处理单元的性能提升，使高清材质渲染与复杂视觉动效成为可能。这促使交互设计从静态布局向动态表达演进，设计师需掌握时间维度上的节奏控制，使界面反馈既符合物理直觉又具备数字美感。

此外，能效管理的智能化发展也成为关注的热点。异构计算架构与自适应功耗调节技术，使设备在高效运行与持久续航间达成平衡。这要求设计师在界面层级规划、动效触发机制等层面建立能效意识，通过减少不必要的渲染负载与交互路径优化，实现用户体验与设备可持续性的双赢。这种性能发展趋势将人机交互设计推向技术可行性与人文关怀深度融合的新阶段。

3.5.1.2　交互设备的小型化趋势

交互设备正朝着轻量化、便携化的方向持续演进。得益于技术进步与设计创新，设备体积不断缩小，便携性与实用性显著提升。

以智能手表为例，这类设备集成了通信、健康监测、信息提醒等核心功能，通过腕部佩戴实现全天候便捷使用（图3-29）。随着制造工艺的突破，现代智能手表在保持功能升级的同时，实现了体积与重量的双重优化。采用高密度芯片与轻量化材料，使设备兼具高性能与便携性；多样化的外观设计与配色方案，则满足了用户对个性化与时尚表达的追求。

3.5.1.3　交互设备的空间发展趋势

交互设备正朝着空间计算的方向快速发展，增强现实（AR）和虚拟现实（VR）技

图3-28　华为麒麟芯片（图片来源于网络）

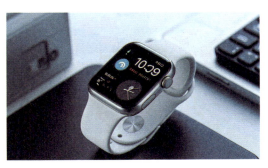

图3-29　智能手表

术的成熟与普及，正在重新定义人机交互的边界。通过这些技术，用户能够在虚拟或增强的环境中与数字内容进行自然互动，突破了传统屏幕界面的限制，将交互空间从二维平面扩展到三维立体领域。这种转变不仅拓宽了交互的范围，也为用户带来了更加沉浸式的体验。

增强现实头显设备能够将虚拟内容无缝叠加到真实世界中，创造出高度交互性和沉浸感的混合现实环境（图3-30）。用户佩戴头显后，可以在现实空间中直接操作虚拟物体，例如进行虚拟会议、远程协作或三维学习。这种交互方式将物理世界与数字世界融为一体，不仅拓展了用户的交互空间，还提供了全新的体验模式，使复杂的任务变得更加直观和高效。

3.5.2　交互方式的趋势

交互方式的发展趋势正朝着更加自然、直观和智能化的方向演进，其核心目标在于优化用户体验并提升使用效率。

3.5.2.1　更自然的交互方式

手势识别技术允许用户使用手部动作进行交互，无须物理接触设备表面。通过摄像头、红外线传感器或深度摄像头等设备，系统能够捕捉并解析用户的手势动作，将其转换为相应的操作指令。例如，用户可以通过手势实现图像的放大缩小、屏幕滑动、菜单选择等功能，这种交互方式特别适用于触摸屏不便或无法使用的场景。比如一些体感交互设备（图3-31），能够精确捕捉用户的身体动作和手势，并将其转化为操作指令，为用户创造了更加自然和沉浸式的用户体验。

3.5.2.2　更直观的交互方式

直观化的交互设计以降低用户认知负荷与学习曲线为核心目标，让用户能够直观地理解和使用操作系统或应用程序。这种交互方式强调视觉隐喻的连贯性与操作路径的最简化，例如图形用户界面通过图标点击、窗口拖拽等视觉化操作与计算机进行交互，而不需要记忆复杂的文本指令。

3.5.2.3　更智能化的交互方式

人工智能驱动的意图交互正重塑传统交互设计范式，意图交互的核心包括四个环节：意图识别（Intent Recognition）、上下文理解（Context Understanding）、响应生成（Response Generation）、反馈与学习（Feed-

图3-30　增强现实头显

图3-31　体感交互设备

back and Learning）。首先，意图识别是通过自然语言处理与计算机视觉解析用户输入的语音、文本及图像信息，捕捉用户的目标或意图。然后，通过上下文理解，系统可以结合对话历史、内容场景与用户画像解读用户需求，再通过响应生成环节针对用户需求或问题提供相应的反馈或方案，最后通过反馈与学习，系统可以持续优化其意图识别能力和交互能力。

人工智能技术的引入使交互设计范式发生革命性转变，设计师得以聚焦用户意图并对其行为进行预测，构建更加智能化、个性化的交互产品。这一趋势不仅在人机交互领域获得广泛应用，更将在AI技术持续迭代的推动下，成为塑造未来交互范式的核心驱动力。

3.5.3　未来交互设计思潮

3.5.3.1　情感计算与情感智能

情感计算与情感智能正成为未来人机交互的关键发展方向，其目标是让计算机系统具备感知、理解和表达人类情感的能力。情感计算致力于从多维度捕捉人类情感信号，如语音、面部表情、生理信号等，而情感智能则在此基础上，让交互体验更具温度与人性化。

在情感计算领域，语音情感识别通过解析语调的起伏、语速的快慢以及音量的变化，构建情绪状态模型，判断用户的喜怒哀乐；面部表情识别利用摄像头捕捉眉梢眼角的变化，结合表情数据库判断用户是困惑、愉悦还是沮丧；生理信号监测则通过智能手表等设备追踪心率、皮肤电导率等指标，判断用户的情绪变化。

在情感智能领域，情感机器人通过拟人化的语音、表情和动作，拉近与用户的情感距离；情感化界面设计则巧妙运用色彩心理学、动态微交互以及情境化音效等，提升用户的交互情感体验。

情感计算与情感智能的发展不仅为交互设计提供了新的技术手段，更深刻改变了人与计算机系统的交互方式。通过这些技术，计算机系统能够更好地理解和回应人类的情感需求，从而实现更加人性、智能、自然的交互体验。

3.5.3.2　可持续交互设计与社会责任

可持续交互设计与社会责任已成为未来交互设计领域重要议题，其核心在于通过系统化设计思维平衡环境、社会与经济可持续性，在降低生态负担的同时提升社会福祉。这一理念不仅要求产品本身具备资源节约与环保属性，更强调从设计源头贯穿社会责任意识，构建全流程可持续设计思维。

在可持续交互设计实践中，设计师需要从技术优化与生命周期管理两个维度切入，一方面需要降低资源消耗、升级硬件能效，另一方面需要建立覆盖产品全生命周期的绿色管理体系。

社会责任层面，设计师应承担起相应责任。首先是保护用户隐私与数据安全，严格防范信息滥用与泄露风险；然后是践行包容性设计准则，比如为视障用户开发语音导航系统、为老年群体设计适老化界面、为低技能用户简化操作流程等；另外是构建社会价值共创机制，通过参与数字鸿沟弥合、文化遗产保护等议题，利用交互技术推动社会公平与文明传承。

可持续交互设计与社会责任不仅是伦理底线，更是塑造未来商业生态的核心竞争力，其价值将随气候变化与社会公平议题的紧迫性持续凸显。

3.6 本章小结

近现代交互设计经历了从信息化时代的简单命令语言，到图形用户界面的普及，再到多媒体阶段的丰富体验。这些变革受到技术和社会发展以及用户需求的影响。随着移动互联网、无人驾驶、显示技术和人工智能等技术的进步，交互设计不断演进。互联网、人工智能和大数据的发展催生了新的交互思维和产品设计理论，推动着交互体验理论的创新。未来，各种新兴技术的涌现将进一步影响交互设计。万物互联时代的来临意味着智能化设备的普及，内置传感器的应用将记录下人们与产品的每一次交互，而大数据已经不再是虚拟世界的专有名词。人与人造物的互动将更加多样化，但无论怎样的技术革新，用户始终是交互设计的核心。

第4章
有效性和易用性

4.1　为什么是有效性和易用性

工业革命后工业设计一直以惊人的速度发展，科技给人类生活带来了便利，但也带来了产品越来越复杂的问题。一个产品能够完成许多工作，但也更容易出现错误并承担更大的风险。在这种背景下，设计师开始意识到问题的严重性，美国认知心理学家、交互设计理论家唐纳德·A.诺曼（Donald Arthur Norman）等人提出可用性设计的理念。诺曼曾质疑过度强调人的因素可能是误导性的、错误的以及有害的，他认为盲目迎合用户的要求可能导致设计过于复杂而忽视了产品的可用性[1]。

可用性是以用户为中心的设计概念，早在1980年就有以"用户友好型"来归纳各种设计理念的情况，直到约2010年被"可用性"概念所取代。它的起源可以追溯到1974年的"无障碍设计"概念，其由联合国组织提出，旨在设计出适用于所有人，不分性别、能力和年龄，方便使用的产品或环境。无障碍设计注重考虑不同程度生理伤残缺陷者和正常活动能力衰退者的需求，例如残疾人和老年人[2]。

在20世纪90年代初，唐纳德·A.诺曼提出并推广了用户体验的概念，他认为用户体验涵盖了人们与系统交互过程中的各个方面。用户体验专业协会（UXPA）认为用户体验包括用户在与产品、服务或公司交互时形成的所有观点。因此，用户体验与交互设计天然地密切相关[3]。

在信息交互设计的演进中，我们看到了一个清晰的线索：工业革命的飞速发展带来的产品复杂性—设计师对可用性设计的觉醒—用户体验概念的提出与推广，这三个阶段，实际上反映了设计思考从"功能主义"到"用户中心"的重要转变。在这个过程中，有效性和易用性作为可用性的两大支柱，是交互设计的两个重要目标，它们直接影响到用户与产品之间的交互体验，在信息交互设计中占据举足轻重的地位。有效性确保了产品功能与用户需求的精准对接，使得用户能够高效地完成任务；而易用性则从用户的操作习惯和学习成本出发，追求设计的简洁、直观和易于掌握。设计师需以用户为中心，关注用户需求和习惯，通过提升产品的有效性和易用性来确保产品的可用性，共同构建用户对产品或服务的整体满意度[4]。

4.1.1　交互设计的用户体验目标

在当下的产品设计领域，用户体验已

---

[1] 钟林州，倪兵. 用户体验设计要素及其在产品设计中的应用［J］. 科技风，2019（15）：248.

[2] 徐迎庆，王韫，付心仪，等. 学科交叉与设计创新研究进展［J］. 科技导报，2023，41（8）：17-25

[3] DANIEL L. Understanding User Experience［J］. Web Techniques，2000，5（8）：42-43.

[4] 辛向阳. 从用户体验到体验设计［J］. 包装工程，2019，40（8）：60-67.

经成为设计的核心要素，在设计过程中，对用户的关注度持续增强，服务内容变得更为细致和全面。这种趋势的涌现，主要源于三大方面的推动。首先，社会环境正逐步向以人为本的理念演进，人们更加重视个体需求与感受。其次，经济水平的提升使得消费者的生活品质得以改善，对服务类产品的要求也水涨船高。最后，在激烈的市场竞争中，提升用户体验成为吸引和留住用户的关键。

然而，值得注意的是，"以用户为中心"的设计方法并非万无一失。2005年，唐纳德·A.诺曼博士发表题为《以人为中心的设计是有害的》的文章中指出，交互设计中过度强调人的因素可能存在误区。他认为，过度迎合用户的要求有时会导致设计变得复杂，反而忽略了解决问题的最佳途径。因此，设计师在追求用户体验的同时，需警惕走入误区。交互设计的精髓在于满足用户在产品内容和交互方式上的多元化体验需求。据信息系统专家詹妮弗·普瑞斯（Jennifer Preece）、认知科学家伊温妮·罗杰斯（Yvonne Rogers）以及资深软件工程师海伦·夏普（Helen Sharp），在《交互设计——超越人机交互》一书中的观点，交互设计的目标涵盖了可用性和体验性两大方面❶。可用性目标注重于符合特定使用标准、功能性以及基于人机工程学的目标或用户体验，如效率、效能、安全性、一致性、

易学习、易记忆性等❷。而体验性目标关注的是用户对产品使用过程中的情感反应，包括满意度、乐趣、娱乐性、帮助性、启发性、美感等。这两个目标相辅相成，共同构成了交互设计的核心（图4-1）。

用户在通过数字媒体终端与产品进行互动时，会获得视觉、听觉和触觉等反馈，这些反馈与用户的生活经验、技能和判断相互作用，从而产生情感反应。这种情感反应正是交互设计所追求的体验效果。因此，设计师在进行交互设计时，不仅要关注产品的功能，还要注重用户在使用过程中的情感体验。为了实现这些目标，设计师需要通过深入的用户研究和测试来评估设计的有效性和易用性。他们需要倾听用户的声音，理解他们的需求和期望，并根据反馈进行不断的迭代和优化。只有这样，才能确保产品在设计上既符合用户的使用习惯，又能提供令人满

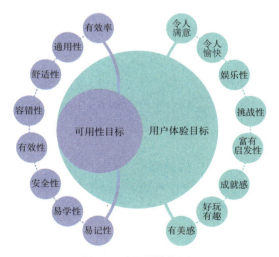

图4-1　交互设计的目标

❶ 吴丽珊. 基于虚拟现实的用户界面设计研究［J］. 电脑知识与技术，2023（33）：81-83.
❷ 章玉宛. 手机App界面的情感化设计［J］. 美术教育研究，2017（17）：72.

意的体验。

　　综上所述，交互设计是一门综合性很强的学科，它要求设计师在追求可用性的同时，注重用户体验的提升。通过深入的用户研究和持续的优化迭代，设计师可以创造出既实用又富有吸引力的产品，为用户带来更好的使用体验。在未来的产品设计中，用户体验将继续成为设计的核心要素，推动设计领域的不断创新和发展。

4.1.2　交互设计的可用性目标

　　可用性，作为产品设计的核心要素，关注的是产品是否易学易用、使用效果是否显著，以及是否具备良好的通用性。它涉及优化用户与产品的交互方式，从而使人们能更有效地开展日常工作、完成任务和学习。可用性目标具体可以分为可行性（使用有效果）、效率（工作效率高）、安全性（能安全使用）、通用性（具备良好的通用性）、易学性（易于学习）、易记性（使用方法便于记忆）❶。

4.1.2.1　可行性

　　可行性是最常见、最基本的目标，指的是产品是否"可行"，用户能否通过产品达成意图，还有达成意图的程度有多高。也就是说，如果产品或服务使用起来没有效果，就失去了它存在的意义。换言之，可行性体现在产品是不是可以让人们轻松地学习、有效地完成任务、访问所需的信息，或者购买所需要的物品，见图4-2。

图4-2　购物流程

4.1.2.2　效率

　　效率指用户在执行任务时，产品所展现出的有效支持程度，直接关系到用户操作的便捷性与流畅性，能够帮助用户避免烦琐的操作。如在一些购物软件购物时，首次注册用户需输入配送地址，而这一信息会被系统智能保存。当用户再次登录购物时，系统便会自动呈现之前保存的配送地址，用户只需轻轻一点，即可快速完成配送设置，无须再费心输入。这一设计不仅极大提升了购物效率，让用户能够更快速地完成购买流程，也有效避免了用户因重复输入信息而产生烦躁情绪（图4-3）。

4.1.2.3　安全性

　　安全性是用户核心诉求之一，关系到保

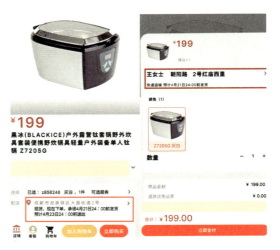

图4-3　购物软件界面

❶ 王沙沙，吕镇，谢波，等. 人工智能产品人机交互设计标准化研究［J］. 标准科学，2024（2）：16–22.

护用户以避免因操作失误而引发的风险。不管是新手还是老手，他们都有可能会操作失误。产品应避免因为用户偶然的活动或错误操作而造成损失。因此，我们在设计中需要降低用户按错键或者按钮的风险，从而预防用户犯严重的错误（例如，不要把"退出"或"删除"命令与"保存"命令安排在一起）；为用户提供出错后的复原方法，从而让他们更有信心，而且敢于发掘界面、尝试新操作（例如，在支付密码输入界面，产品应采用遮挡输入、密码错误提醒、尝试次数限制等措施，保障用户资金安全，见图4-4）。

4.1.2.4　通用性

通用性指的是产品是否提供了正确的功能接口，以便用户可以做他们需要做的或是想要做的事情。以一款办公软件为例，它应支持多种文件格式导入导出、提供个性化的界面设置选项等，以满足不同用户的工作需求（图4-5）。

4.1.2.5　易学性

易学性指学习使用的难易程度。对任何产品，用户都希望能立即使用，而且不用耗费过多的时间和精力，有些流程复杂的场景更应该如此，如购物场景（图4-6）。以淘宝为例，其交互设计就充分体现了出色的易学性。其界面布局清晰直观，无论是搜索商品、浏览详情页还是进行结算，每个步骤都有明确的指引和直观的图标，使用户无须花费过多时间和精力即可轻松上手。且用户在购物过程中无须频繁跳转页面，即可在同一层级内完成查看商品详情、加入购物车、咨询客服、搜索相似商品等关键操作，进一步提升了用户的购物体验。这样的设计使得淘宝不仅广受欢迎，更让用户在购物过程中感受到轻松与愉悦，充分展现了交互设计在提升产品易用性方面的巨大价值。

4.1.2.6　易记性

易记性是指用户在掌握产品操作后能否快速唤起使用记忆，理想的设计应使用户无需重复学习，仅凭界面线索即可恢复操作记忆。当产品逻辑混乱或流程复杂时，用户记忆负荷将显著增加，导致频繁寻求帮助。提升易记性可以通过很多策略实现，如在任务

图4-4　支付操作界面

图4-5　个性化设置界面

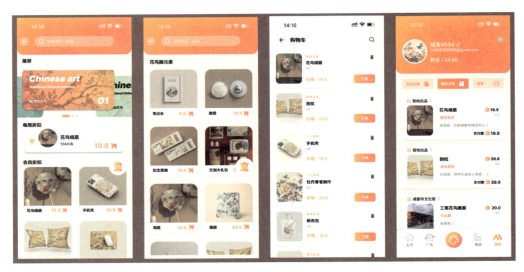

图 4-6　学生作品《智绘花鸟》购物相关界面　谭颖捷、刘雨、孙萌萌

流程关键节点嵌入有代表性的图标或提示（图 4-7），帮助用户记住操作路径，或者依据功能关联性进行界面分区，方便用户进行联想记忆等。

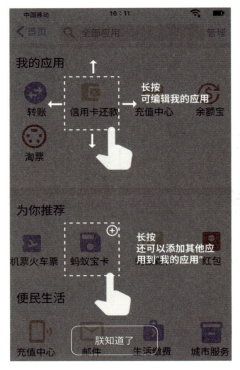

图 4-7　操作提示界面

4.2　有效性的定义和原理

4.2.1　有效性的定义

交互设计的有效性根植于对用户需求的深入理解和精准满足。正如马斯洛的需求层次理论所揭示的，人类需求从基本的生理需求逐步升华至自我实现需求，交互设计亦应遵循这一规律，不断适应并提升用户体验。在科技迅猛发展的今天，用户对交互体验的期望日益增长，这就要求设计师必须以用户的需要为核心，不仅实现功能需求，更要触及情感和社交层面的满足。通过精心的用户体验设计，产品或服务能够使用户感到舒适、直观，并迅速、准确地完成目标任务，这是衡量交互设计有效性的关键。

设计师的任务是洞察用户的内在需求，运用专业技能精准捕捉用户的心理预期。这要求设计过程中采用以用户为中心的思维，不断通过用户研究、反馈收集和原型测试来优化设计方案。一个有效的交互设计应当超越单纯的功能实现，更应关注用户体验的质量和设计目标的实现。通过这种以用户为中心的设计方法，可以创造出既符合用户直觉又能有效引导用户行为的产品，从而提升用户的操作效率和满意度。

交互设计的有效性不仅关乎个体产品的成功，更是提升整个产品竞争力、实现价值最大化的关键。当设计师能够深入理解并满足用户的功能层次、心理模型和心理预期时，所创造出的产品体验将既实用又使人愉悦。这样的设计能够增强用户的忠诚度，提高产品的市场占有率，并在激烈的竞争中脱颖而出。因此，设计师应当持续追求交互设计的有效性，以实现产品和用户之间的双赢。

4.2.2　有效性的原理

交互设计的有效性原理深植于对用户心理模型的深入洞察与精准应用。这一模型是用户对产品或服务如何运作、其功能特性以及如何满足个人需求的内心认知框架。正如戴维·利德尔（David Liddle）所指出的，"设计上最重要的是用户角度上的概念模型。设计，最终只不过是把用户心中的模型表现得更清楚、更有意义的工作"。设计的本质在于将用户心中的模型以更清晰、更有意义的方式呈现出来，设计不仅仅是一种视觉或功能上的呈现，也是对用户关于产品功能、构造和价值深层次认知的反映。设计师在这一过程中扮演着至关重要的角色，他们必须深入挖掘用户的心理模型，并通过直观、易用的用户界面将其转化为现实。心理模型具有描述现象、说明理由、预测未来的作用，设

计师要具备深刻的用户需求洞察力，还需能够预测甚至引导用户的行为模式，确保设计成果能够准确、高效地协助用户实现其目标。通过精准捕捉和表现用户的心理模型，设计师能够创造出既满足用户内在需求又带来愉悦体验的产品设计，实现用户与产品之间的共赢。

在交互设计的过程中，设计师必须基于用户心理模型。用户心理模型即是用户内心对特定系统的功能、构造和价值的认知框架，是用户关于产品如何工作、产品包含哪些功能以及这些功能如何带来价值的内心认知和预期。通常分为构造模型、功能模型和价值模型三个层次。构造模型涉及用户对系统结构要素的认知，功能模型关注用户如何与系统互动，而价值模型则关联产品如何满足用户需求。设计师需构建一个与用户心理模型相匹配的设计师模型，并通过系统图像——产品或服务的实际表现——体现这些模型，确保设计方案不仅满足用户的基本功能需求，而且与用户的心理预期相匹配，进而在情感和认知层面与用户产生共鸣。

此外，设计师需要在问题空间和设计空间之间建立桥梁。问题空间代表用户面临的问题或期望，而设计空间则是解决问题的所有可能状态和路径的集合。通过深入分析这两个空间的关系，设计师能够洞察用户的真实需求，设计出既实用又令人愉悦的交互体验。这种分析帮助设计师把握用户的需求，创造出能够引导用户从初始状态到达目标状态的有效解决方案。

在实现有效性的过程中，设计师还需关

注执行鸿沟与评估鸿沟的问题。执行鸿沟指的是用户在达成目标的过程中，系统功能与用户预期之间的差异；而评估鸿沟则涉及系统结果与用户目标之间的差异。缩小这些鸿沟是提升用户体验的关键。通过持续的用户研究、反馈收集和迭代设计，设计师可以不断优化产品，使其更加贴合用户的心理模型和实际需求。

综上所述，有效性的原理要求设计师以用户为中心，深入理解并精准满足用户的功能需求及心理预期。通过不断迭代和优化，设计师能够创造出既高效又符合用户需求的交互体验，从而实现设计的最终目的——帮助用户以最直接、最愉悦的方式达成其目标。这一过程不仅要求设计师具备深厚的专业知识和技能，还需要他们具备敏锐的洞察力和创新思维，以应对不断变化的市场需求和用户期望（图4-8）。

图4-8　有效性原理

4.3　易用性的定义和主要指标

4.3.1　易用性的定义

易用性，作为产品设计中的一个核心概念，主要关注用户在使用产品或服务时的便捷度和舒适度，用户操作系统或产品时最直

观的感受❶。它不仅仅涉及产品的物理功能或界面设计，更涉及用户与产品交互过程中的心理、生理以及行为习惯等多个层面。

从生理层面来看，易用性要求产品在设计上考虑人体的自然姿势和操作习惯，使得用户在使用时能够轻松自如，避免长时间使用造成的身体疲劳或损伤❷。同时，产品也应该尽可能降低对人体健康的风险，如避免使用有害材料或产生有害物质。

在心理层面，易用性则强调产品能够满足用户的心理需求，提供愉悦的使用体验。这包括产品的界面设计要简洁明了，操作逻辑要清晰易懂，以及产品功能要贴近用户的实际需求。此外，易用性还体现在产品对用户行为习惯的引导和塑造上。通过优化互动细节，强化互动信号，产品可以帮助用户形成新的、更加便捷的行为记忆，从而替代原本不够高效或不够健康的生活习惯。这种引导和塑造的过程，不仅提升了用户的行为体验，也增强了用户对产品的依赖和忠诚度。

综上所述，易用性是一个多维度的概念，它涉及用户的生理、心理以及行为习惯等多个方面。完善与优化产品的互动细节，是提升易用性、增强用户体验的关键所在。

4.3.2　易用性的主要指标

4.3.2.1　用户满意度

用户满意度是衡量产品易用性的一个关键指标，它反映了用户对产品整体使用体验

❶ 叶凤云，马小昱，樊亚芳.高校图书馆未来学习中心用户体验关键影响因素识别研究［J］.大学图书馆学报，2024，42（2）：23-31+37.

❷ 孙伟业.基于用户体验的下肢康复辅具设计研究［D］.青岛：青岛科技大学艺术学院，2023.

的满意程度。用户满意度不仅包括任务完成的效率和有效性，还涵盖了用户在使用过程中的情感反应和个人偏好。一个高用户满意度的产品能够提供愉悦的交互体验，增强用户忠诚度，并促进口碑传播。

以亚马逊Kindle电子书阅读器为例，亚马逊Kindle电子书阅读器是一个以用户满意度为核心的成功案例。Kindle的设计注重易用性，其界面简洁直观，用户可以轻松地购买、下载和阅读电子书。Kindle准确地满足了用户阅读电子书籍的需求，提供了清晰的文本显示和实用的阅读功能。用户可以快速地搜索书籍、下载内容，并能够通过内置的字典和笔记功能提高阅读效率。Kindle拥有优雅的设计和舒适的阅读体验，长时间阅读也不会造成眼睛疲劳。即使用户在操作中出现失误，Kindle的直观设计和用户指南也能让用户容易地纠正错误。Kindle的操作界面友好，新用户可以迅速学会如何使用设备，无须复杂的学习过程（图4-9）。

图4-9 亚马逊Kindle电子书阅读器"设备选项"界面

4.3.2.2 有效率

有效率是评估用户与系统交互时达到目的的效率和效果的指标。它不仅包括任务完成的速度，还涵盖了用户在完成任务过程中的整体体验。一个有效率的系统能够让用户以最少的步骤、最短的时间和最低的努力来达成他们的目标。这要求系统设计者深入理解用户的需求，提供直观的操作流程和快速的反馈机制。响应度和最小行为水平这两个子指标共同构成了评估用户与系统交互时达到目的的效率和效果的框架。

（1）响应度

响应度是有效率的关键要素，是衡量系统对用户操作反应速度的指标，它要求系统能够迅速、稳定地响应用户的每一个动作。用户对响应度的感知直接影响他们对系统性能的评价。例如，一个页面加载时间过长，或者一个按钮点击后没有即时反馈，都可能导致用户感到沮丧和不满。

（2）最小行为水平

最小行为水平则关注于简化用户的操作流程，指用户为了达成目标必须最少执行的行为数量。这要求系统设计者去除不必要的步骤，提供清晰的导航，以及简洁的用户界面。例如，苹果用户可以通过简单的滑动手势来解锁设备或返回上一级菜单，减少了用户达成目标所需的操作步骤。

以苹果的iOS操作系统为例，iOS的用户界面具有清晰的布局和逻辑结构，使得用户能够轻松地找到并使用他们想要的功能。使用直观的图标和图形，iOS减少了用户对文字说明的依赖，使得用户能够快速识别功能。且使用直观的图标和图形。iOS的设计哲学强调简单性和易用性，使得用户能够快速学习和使用，从而提高产品使用效率（图4-10）。

4.3.2.3 精确性

精确性是用户体验设计中的一个重要概念，它涉及用户在使用系统时犯错的可能性，它包含失误预防、失误检测和失误校正三个关键组成部分。

（1）失误预防

失误预防是设计阶段的一个关键考虑因素，它要求设计者在创建系统时就考虑到用户可能犯的错误，并采取措施来预防这些错误发生。例如，通过设置合理的默认选项可以减轻用户的选择负担，自动保存功能可以防止用户因忘记保存而丢失数据。用户界面的直观性也是一个重要的预防措施，通过使用熟悉的图标、清晰的指令和一致的布局，可以降低用户误操作的风险。

图4-10　iOS的用户界面

（2）失误检测

失误检测是指系统能够及时地告知用户他们犯了错误，以便用户能够意识到并采取措施。系统可以通过多种方式提供反馈，如颜色变化、弹出警告、声音提示或震动反馈等，这些都是帮助用户识别错误的有效手段。反馈的清晰度和及时性对于失误检测至关重要，用户需要能够迅速理解错误的性质以及如何避免或解决它。

（3）失误校正

失误校正是指系统提供给用户纠正错误的机制，允许用户通过各种方式修正他们的错误。常见的校正机制包括撤销和重做操作，这些功能允许用户回退到错误发生之前的状态，或者重新执行正确的操作。错误提示也是校正的一部分，它们不仅应该指出错误，还应该提供解决方案或建议，帮助用户理解如何改正错误。

苹果的iOS操作系统在提升用户操作精确性方面做得非常出色，特别是在失误预防、检测和校正方面表现出其设计的深思熟虑。iOS的直观撤销功能是一个绝佳的例证，它允许用户通过一个简单的摇动动作来快速撤销最近的错误操作。这个动作不仅迅速而且自然，几乎不需要用户进行额外的学习，使得失误校正变得轻松而直观（图4-11）。

此外，iOS系统中的自动更正功能是失误预防的一个亮点。当用户在输入文字时，iOS能够智能地识别并预测可能的拼写错误，然后自动提供正确的单词建议。这不仅极大地减少了打字时的拼写错误，也提高了文本输入的效率。自动更正功能通过在用户输入的同时进行校验，将失误预防融入用户的自然操作流程中，从而在用户意识到错误之前就将其解决（图4-12）。

图4-11　苹果iOS的撤销界面

图4-12　iOS键盘自动更正

这些功能的结合，不仅展示了苹果对于用户交互体验的深刻理解，也体现了其在设计中对易用性和精确性的不懈追求。通过这样的设计，iOS确保了用户在使用设备的过程中能够保持流畅和高效的工作流程，即便在面对可能的操作失误时，也能够迅速恢复，继续他们的任务，而不会受到太大干扰。

4.3.2.4　意义性

意义性是易用性中一个关键的指标，它确保系统提供的信息或功不仅能满足用户需求，而且易于理解和使用。意义性包含提示变化性、易懂性、易学性。

（1）提示变化性

提示变化性是帮助用户意识到系统状态变化的设计。这通过各种反馈机制实现，如颜色变化、图标提示、声音效果或振动反馈。良好的提示变化性设计使用户能够及时捕捉到系统状态的更新，从而做作出相应的反应（图4-13）。

图4-13　状态提醒

（2）易懂性

易懂性是确保用户能够轻松理解系统所提供信息的关键要素。它不仅要求信息内容本身要吸引用户的兴趣，而且要求用户能够真正理解这些信息。为了提高易懂性，设计者可以采用多种方法，其中可读性和逻辑性是两个重要的方面。

可读性涉及信息的呈现方式，包括使用清晰易读的字体、合适的字号、足够的行间距以及合理的颜色对比，确保用户阅读起来不费力。良好的可读性可以减少用户的认知负担，使用户能够快速抓住信息的重点。

逻辑性则关注信息的组织结构和表达逻辑。信息应该按照用户容易理解的逻辑顺序来组织，避免跳跃式或混乱的表述。此外，信息的层次分明也很重要，通过使用标题、子标题、列表和段落等方式，可以帮助用户更好地理解和记忆信息内容（图4-14）。

业务系统

数字图书馆　　学校主页　　科技管理系统　　虚拟仿真实验　　图书馆　　财务系统　　教务系统

图4-14　大学业务系统

（3）易学性

易学性是交互设计中衡量用户学习使用系统功能的难易程度的指标。一个高易学性的系统能够让用户迅速理解如何操作，并随着时间推移能够更加熟练地掌握系统。易学性与引导性、直观性和易记忆性紧密相关，这些特性共同作用，帮助用户构建对系统的正确理解，并节约学习成本。

引导性：系统应提供清晰的引导，帮助用户理解如何开始使用系统，并通过逐步教程引导用户学习更高级的功能。

直观性：设计应直观易懂，使用符合用户直觉的界面元素和操作逻辑，减少用户的认知负担。

易记忆性：系统设计应便于用户记忆，即使在长时间未使用后，用户也能够迅速回忆起如何操作。

4.3.2.5　灵活性

用户通过系统来随意执行工作的可用属性，描述了用户在执行任务时的自由度，包括用户控制权、可替换性、多线程性、个性化及可连通性。

（1）用户控制权

用户控制权指随用户的意愿可与系统交互的系统属性，与此相反的是系统控制所有的交互，用户只按照系统要求进行输入。强调用户与系统交互的主动性，这要求系统提供灵活的交互方式和控制选项。提高用户控制权涉及两个方面，第一，废除没有逻辑性连接的交互模式；第二，使系统与用户之间灵活地移接控制权。

（2）可替换性

可替换性指提供了完成任务的多种方法，这要求系统设计灵活，能够适应不同的用户需求和偏好。用户在使用系统时，有两个以上的方法来执行工作，用户可以根据自己所处情况和意愿来进行选择。提高可替换性涉及两个方面，第一，提高输入可替换性；第二，提高输出可替换性。

（3）多线程性

多线程性指允许用户同时执行多个任务，这要求系统能够高效地管理资源和任务，包含同时多线程、相继多线程。

（4）个性化

个性化指根据用户的特征调整系统，这要求系统能够识别和适应用户的差异。根据用户的喜好或特征，可改变系统状态的属性。按照个体控制系统与否，个性化可分为可变性（根据用户自己的喜好状态，改变系统属性）、适应性（系统拥有领导权，系统跟踪个人爱好和性质）。

（5）可连通性

可连通性涉及系统与其他设备或系统的连接能力，一个具有高可连通性的系统可以无缝地与其他技术集成，提供更广泛的功能和更好的用户体验。

以Spotify音乐流媒体服务为例，Spotify展现了高度的灵活性，特别是在个性化和用户控制权方面。

Spotify作为一个高度灵活的音乐流媒体服务平台，其设计在易用性方面表现得尤为突出。用户控制权在Spotify中得到了充分体现，用户不仅可以自主管理播放列表，还可以根据个人喜好控制音乐播放的顺序和模式。在可替换性方面，Spotify提供了多种音乐发现途径，包括搜索、个性化推荐、特色播放列表等，使用户能够根据自己的需求选择不同的探索路径。多线程性设计允许用户在听歌的同时进行其他活动，如发现新音乐或创建播放列表，提高了用户体验的效率。个性化是Spotify的另一大特色，它通过分析用户的听歌习惯，提供定制化的音乐推荐，使用户享受到独特的音乐体验。此外，Spotify的可连通性也极为出色，支持与多种设备无缝连接，用户可以在不同平台和设备间自由切换，继续他们的音乐之旅。这些设计元素共同构成了Spotify在易用性、灵活性方面的卓越表现，为用户提供了全面而丰富的音乐服务体验。

4.3.2.6 一致性

一致性是交互设计中一个至关重要的易用性原则，它直接影响用户的体验和对系统的整体满意度。一致性确保了系统的信息架构、视觉表现和行为反馈与用户的预期相匹配，从而降低了用户的学习成本并提高了操作效率。一致性主要体现在可预测性、熟悉性和普遍性三个方面。

（1）可预测性

可预测性指用户能够基于以往的经验来预测系统如何响应他们的操作。这种属性要求系统在不同情境下提供一致的行为和反馈模式。例如，如果一个按钮在所有对话框中都执行保存操作，用户就会学会依赖这一行为模式，并能够准确预测其结果。可预测性减少了用户的不确定性和错误操作，增强了用户对系统的信任。

（2）熟悉性

熟悉性使用户能够借助他们在现实世界中的经验和知识来理解和使用系统。这意味着系统设计应当模仿现实世界的隐喻，使用用户熟悉的语言和概念。例如，使用垃圾桶图标来表示删除操作，或者使用文件夹图标来表示存储数据的地方。通过这种设计，用户可以迅速理解界面元素的功能，而无须额外的指导或学习。

（3）普遍性

普遍性确保了系统设计能够跨越不同的用户群体，使得无论用户的背景如何，都能理解和使用系统。这涉及使用广泛认可的设计模式和界面元素，如使用标准的菜单栏、工具栏和命令术语。普遍性还意味着系统应该遵循行业标准，满足用户期望，使得用户能够将在其他系统中学到的知识和技能应用到新系统中。

以微软的Office套件为例，其一致性设计在多个层面上得到体现（图4-15）。Office套件中的所有应用程序，如Word、Excel和PowerPoint，都共享相似的菜单结

图4-15　微软的Office套件1

构和功能布局。这使得用户在不同应用程序间切换时，能够轻松找到需要的功能。Office套件使用了用户熟悉的设计元素，如使用"打开""保存""打印"等常见的命令词，以及使用现实世界中的图标，如软盘图标表示保存（尽管现在已经很少使用软盘，但这个图标仍然传达了保存的概念）。Office套件的设计考虑到了不同用户的需求，提供了多种用户界面选项，如可调整的菜单栏和工具栏，以及对高对比度和放大字体的支持，以适应不同用户的视觉偏好（图4-16）。

图4-16　微软的Office套件2

4.4　本章小结

在交互设计的广阔领域中，有效性和易用性是使产品获得成功的关键支柱，它们直接影响着用户的满意度和产品的市场表现。本章深入探讨了这两个核心概念，并阐释了它们如何共同塑造优质的用户体验。

首先，有效性确保了产品能够精确地满足用户的目标和需求。它要求设计师深刻洞察用户的心理模型，并通过精心的用户研究和反馈循环，不断精练设计，以减轻用户的认知负担，提高任务执行的效率。有效性的设计原理强调了对用户心理预期的精准把握，以及在设计中缩小执行鸿沟和评估鸿沟的重要性。

其次，易用性关注的是用户在使用产品过程中的直观感受和舒适度。它超越了物理功能和界面设计的范畴，深入用户的心理和行为习惯。一个易用的产品不仅能够提供基本的功能满足，还能够带来愉悦的体验，从而提升用户对品牌的忠诚度。

在交互设计的实践中，有效性和易用性相得益彰，缺一不可。忽视易用性的设计可能会造成用户的困扰和不满，而忽略有效性则可能导致产品无法解决用户的实际问题。因此，设计师必须在设计过程中平衡这两方面，以确保产品不仅能够吸引用户，也能够真正地服务于用户。

最后，本章强调了用户体验在未来产品设计中的核心地位，以及它在推动设计领域创新和发展中的作用。设计师们需要持续地关注有效性和易用性的最前沿，不断探索和创新，以提升用户使用体验和满意度。通过深入的用户研究和持续的迭代优化，我们可以创造出既实用又具有吸引力的产品，为用户提供卓越的体验。

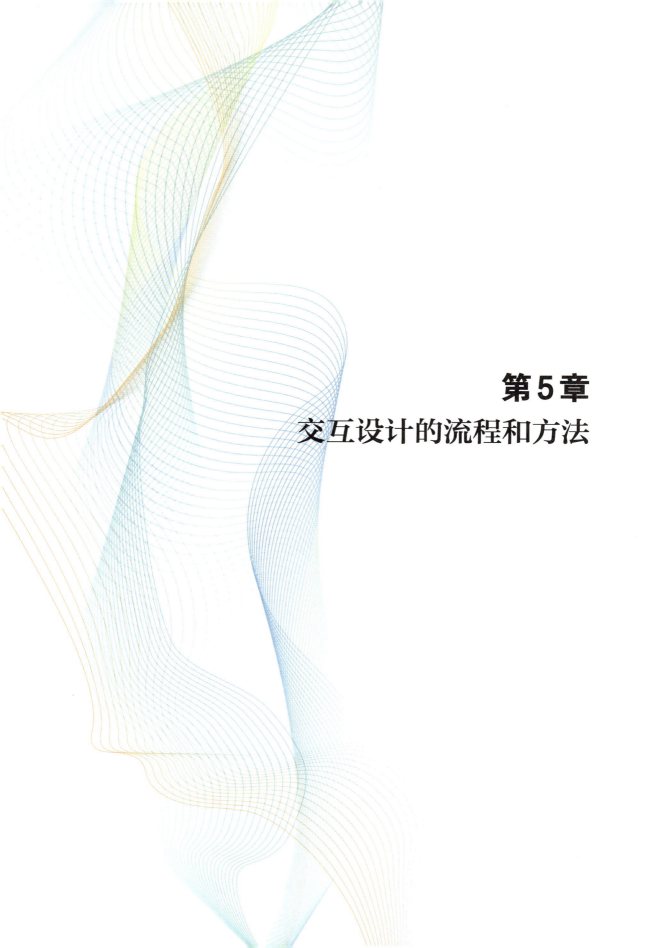

第5章
交互设计的流程和方法

在数字化时代，设计已经成为人类文明中不可或缺的一部分。它所带来的不仅仅是美的享受，更涉及信息的传递与操作。随着互联网的普及，交互设计作为设计领域的重要分支，其重要性日益凸显，这促使我们更深入地思考其价值与意义。交互设计是确保用户体验优质的核心工作之一，通过精心设计和规划用户与产品或服务之间的交互方式和行为流程，我们能够提升用户的满意度和使用效果。因此，深入探究交互设计的流程与方法，对于提高产品或服务质量、增强用户体验意义重大❶。

5.1　信息产品设计流程

信息产品的诞生，一般经历需求分析、原型设计、交互DEMO、用户测试、视觉界面、切割编码、发布跟踪七个阶段（图5-1）。

5.1.1　需求分析

需求分析是产品计划阶段的核心活动，主要聚焦于系统功能的"需求定义"，而非具体的"实现方法"。所有需求均源自产品所服务的目标用户，旨在确保产品能够精准满足市场与用户的功能期待。

5.1.1.1　需求分析的目标

需求分析旨在精确梳理用户对产品的各项"需求"或"要求"，并整理成结构清晰、表述准确的需求文档，明确产品应实现的功能及任务。其目标包括以下三点。

第一，深入洞察并准确把握用户与业务方的真实需求，全面描述产品功能，确保功能的正确性、一致性和完整性，促使设计者在设计前深思熟虑。同时，明确软件实现所需的所有信息，为设计、确认和验证提供基准。

第二，通过需求分析，明确项目的核心目标和解决的主要问题，界定项目的范围和方向。

第三，还需识别关键功能需求，引入相关业务规则，界定项目范围，明确项目约束，并解决需求间的潜在冲突，给项目的后续发展提供明确的指导和规划。

5.1.1.2　需求分析的内容

（1）功能性需求

功能性需求是产品的核心，涉及产品应完成的任务、实现的功能及用户交互动作。这是产品需求的主体，涵盖输入、输出、处理等各个方面。在进行需求分析时，详细描

图5-1　信息产品设计流程

❶ 陆琳，仲崇偄，张元. 数字人文视域下博物馆交互设计研究[J]. 设计，2024，37（4）：68-71.

述每个功能的用途、参数、结果至关重要，同时需评估功能可行性与系统兼容性，确保功能间的协调与无冲突。

（2）非功能性需求

非功能性需求是对功能性需求的补充，涉及性能需求、安全性需求、易用性需求、可靠性需求、可维护性需求和兼容性需求等方面。性能需求关注产品的响应时间、吞吐量等；安全性需求关注数据加密、权限控制等情况；易用性需求注重用户界面设计和操作流程的简洁性；可靠性需求关注产品在特定条件下能否稳定运行；可维护性需求强调产品的易修改、升级和维护；兼容性需求关注产品在不同平台上能否正常运行。这些非功能性需求共同构成了软件设计的关键要素，确保产品能够满足用户的全面需求[1]。

（3）设计约束

设计约束是指在设计或实现过程中必须遵循的限制条件，确保产品满足特定要求并在特定环境下运行。这些约束源自技术、经济、环境等多个方面。

技术约束是设计约束的核心，涉及硬件、软件等技术限制，如特定编程语言、数据库或操作系统的兼容性要求。需求分析阶段需明确技术约束，确保产品顺利运行。

经济约束涉及预算和成本控制，影响产品设计的规模、复杂度和功能范围。需求分析人员需与项目管理和利益相关者沟通，明确经济约束，并在预算内实现功能。

环境约束包括产品运行环境，如操作系统版本、网络带宽等。需求分析人员需了解用户环境配置，确保软件设计与之适应。

5.1.1.3 需求评审

研发周期超过一周的需求都要进行需求评审。产品方会根据第一轮的商讨结果，画出初版的原型图，并且配上文字说明，所有涉及的业务以及交互细节都会罗列出来。

（1）需求评审的目的

需求评审是交互设计流程中不可或缺的一环，尽管其过程烦琐且耗时。然而，其重要性不容忽视，因此我们需要深入理解需求评审的核心目的。

明确需求的规则与实现策略；规划项目整体周期与内容框架；划分各职能人员的职责范围；确定需求上线的时间规划。

（2）参与需求评审的人员以及他们各自的关注点

参与需求评审的人员包括研发、测试、UI等，他们有各自的关注点。在此环节，大家会深入探讨细节，解开疑惑。研发关注技术实现与可行性，测试关注功能逻辑与完整性，UI关注界面设计与用户体验。各方在会议中发表观点、意见，待产品反馈后，达成共识，敲定最终版本（表5-1）。

❶ 伍颂倩. 混合空间多源可视化下的数据转移交互设计［D］. 北京：北京邮电大学数字媒体与设计艺术学院，2023.

表5-1 需求评审中各人员的观点、意见及关注点

人员	观点、意见及关注点
研发人员	产品的实现层面以及数据的关联性
测试人员	产品的流程细节、产品需求文档细节等
运营人员	运营方面的问题
市场人员	产品的市场、卖点
UI/UE/UX	用户体验等
……	……

（3）需求评审的流程

需求评审流程分为3个阶段：前期准备、评审会期间、评审结束之后。

①前期准备

会议前，应充分准备内容和常见问题应对，以确保评审效果。明确评审目的后，准备原型、设计稿、功能列表等资料，并提前发送给相关人员。产品内部需自查，确保需求的确定性、完整性、复杂性、熟悉性及稳定性及交互性。

②评审会期间

评审会期间，讲解答疑应条理清晰、节奏把控得当，避免直接切入功能讲解。

流程包括：概述需求背景与价值；简述用户需求满足方案；说明功能模块与优先级；讲解业务流程、数据流转；展示原型设计与交互细节；明确关键数据指标与可视化

方式。

会议中可能出现新问题，需对其进行记录并处理。讲解完毕后，进行初步定稿、评估工期，并告知上线计划。

③评审结束之后

评审结束之后，应立即总结处理会议中的争议与讨论结果，并及时反馈。当天应通过正式渠道发布会议纪要，包括讨论内容、设计要点、争议处理及初步定稿时间与责任人。定稿后，各成员需按职责分工，推动需求落实。确定内容及节点后，应制定具体排期并跟进项目进展❶。

5.1.2 原型设计

原型设计用图形化方式展现产品界面、交互和流程，帮助设计师和开发者明确产品结构和功能❷。原型设计形式多样，包括手绘、线框图、交互式模型等。通过原型设计，团队成员和利益相关者能直观理解产品，提供反馈，优化用户体验和功能设计（图5-2）❸。

原型设计包含以下内容。

（1）界面布局与元素设计

明确产品界面的整体布局，包括页面结构、导航设计、按钮位置等，同时设计界面中的各类元素，如图标、文字样式、色彩搭配等，以营造符合产品风格的视觉体验❹。

❶ 高连飞.基于解释结构模型的F信息系统需求分析过程优化策略研究［D］.济南：山东大学管理学院，2023.
❷ 王波，吕曦.数字媒体界面艺术设计［M］.重庆：西南师范大学出版社，2011.
❸ 孙远航，李彧，倪晓波，等.智慧交通拟态安全芯片系统原型设计［J］.网络安全技术与应用，2023（10）：118-120.
❹ 刚春明.基于视觉认知特征的网课界面布局设计研究［J］.包装工程，2024，45（2）：209-215.

（2）交互流程与动作设计

详细描述用户在界面上的操作流程，包括点击、滑动、拖拽等交互动作的设计，以及界面之间的跳转逻辑，确保用户能够流畅地完成各项任务。

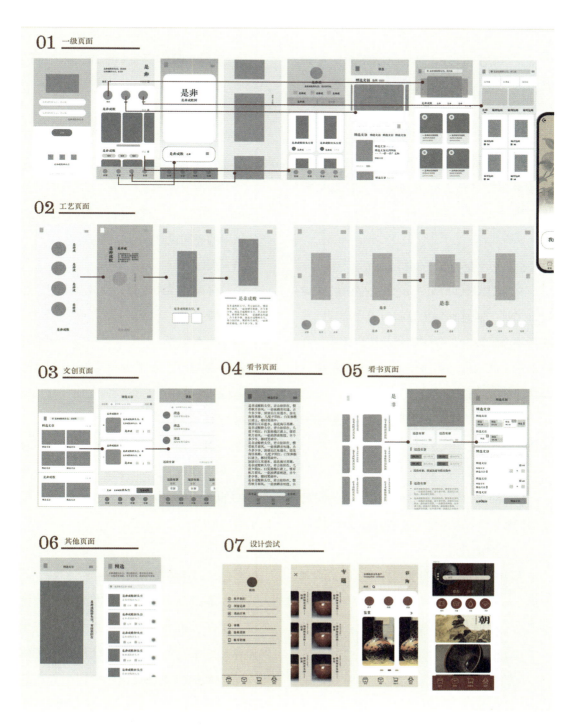

图5-2　学生作品《今日陶瓷》原型设计　资欣然、邵杨珂莹、唐凤婷

（3）功能逻辑与业务规则

明确产品所具备的功能点及其实现逻辑，包括数据处理、业务规则等，确保原型能够准确反映产品的核心功能和业务需求。

（4）用户反馈与测试机制

在原型中设计用户反馈收集机制，如调查问卷、用户测试等，以便在后续阶段收集用户反馈，不断优化产品设计。

（5）技术实现与约束条件

考虑技术实现的可行性，明确原型中的技术约束条件，确保后续开发能够顺利进行❶。

5.1.3 交互DEMO

交互DEMO是交互设计过程中的关键展示工具，通过具象化界面与操作模拟，直观呈现设计理念、操作流程及用户体验。它有助于团队内部沟通协作，同时为产品测试与迭代提供反馈。

5.1.3.1 制作交互DEMO应遵循的原则

（1）明确目标

DEMO应明确展示设计目标，突出产品特点与优势，确保受众能够快速理解设计意图。

（2）简洁直观

界面设计应简洁明了，操作流程应直观易懂，避免不必要的复杂操作，确保用户能够轻松上手。

（3）真实模拟

DEMO应尽可能模拟真实场景下的用户行为，以反映产品在实际使用中的表现。

（4）可测试性

DEMO应具备可测试性，便于收集用户反馈，为后续设计迭代提供依据。

5.1.3.2 制作交互DEMO需关注的重点

（1）内容策划

明确要展示的功能点、操作流程及用户体验点，合理组织内容结构。

（2）界面设计

运用视觉元素、排版技巧等，打造符合产品风格的界面设计。

（3）交互设计

设计合理的操作流程、动效及反馈，提升用户体验。

（4）技术实现

选择合适的技术工具，确保DEMO的稳定运行与流畅体验。

通过精心制作的交互DEMO，设计师能够更有效地传达设计理念，推动项目进展，并不断优化产品体验。同时，交互DEMO也为后续的产品开发与市场推广提供了有力的支持。

5.1.4 用户测试

用户测试是评估人机交互效果的关键环节，关乎产品是否满足用户需求并提供优质体验。通过测试，我们能够深入了解用户对产品的感受和反馈，进而指导产品

❶ 沈悦，吴祐昕. 基于内隐记忆的助眠APP用户界面设计研究［J］. 设计，2024，37（1）：148-151.

优化与改进❶。

5.1.4.1　确定测试目标

进行用户测试前，设计人员应明确测试目标与重点，如界面易用性、功能理解度及用户满意度等。明确测试目标，使测试更具针对性，确保获得真实有效的数据。

5.1.4.2　选择合适测试方法

针对不同的测试目标选择相应的测试方法，测试方法有很多，下面是几种方法的介绍。

（1）用户访谈法

用户访谈法是一种常见的测试方法，通过面对面访谈可以直接了解用户的需求与困扰，便于改进产品。

（2）用户观察法

用户观察法通过直接观察用户使用产品时的行为和反应来评估用户体验，可以发现问题，方便改进产品❷。

（3）眼动追踪法

眼动追踪法通过用户的眼球运动评估用户对产品界面的关注点。记录用户使用时眼球的运动轨迹，了解注意力的分布和移动路径。

（4）问卷调查法

问卷调查法常设计问卷，通过线上或线下的方式发放给用户填写。问卷可以包含关于产品功能、界面、性能、满意度等方面的问题，以收集用户对产品的量化评价。

（5）可用性测试

可用性测试可用于评估产品在用户实际使用中的易用性和便捷性。通过观察用户完成特定任务的过程和效率，发现产品在设计、操作、导航等方面的问题，提出改进建议。

（6）用户故事法

用户故事法通过创建用户故事来描述用户在特定场景下如何使用产品，并邀请用户进行验证和反馈，这有助于开发人员更好地理解用户需求和行为，从而开发出更符合用户期望的产品。

根据具体的需求选择合适的测试方法，可更好满足测试的目标，得到更准确的测试结果。

5.1.4.3　制订合理测试计划

在进行用户测试前，应制订详尽的测试计划，涵盖时间、地点、内容及流程等。合理的计划能确保测试过程条理清晰，顺利进行。

5.1.4.4　测试过程中的注意事项

第一，为参与者提供明确指导，确保他们在测试前了解测试目的与流程，从而确保测试的有效进行。第二，细致观察用户行为和反应，记录其操作步骤与反馈，以便发现系统潜在问题，优化用户体验。第三，鼓励测试者坦诚表达真实感受与意见，确保数据的真实性与有效性，为改进设计提供有力依据。第四，重视测试数据的记录与整理，

---

❶ 张昕，蒋永华. 基于情感化设计理论的博物馆网站界面设计研究——以故宫博物院网站为例［J］. 美术教育研究，2024（4）：90-93.
❷ 江盼盼. 基于用户体验的六朝博物馆 APP 交互设计研究［D］. 南京：南京信息工程大学传媒与艺术学院，2023.

采用视频录制、笔记等方式收集数据，为后续分析总结提供有力支持。

5.1.4.5　分析与总结

用户测试后，设计人员需深入分析总结收集的数据。通过统计对比，揭示用户在使用中的问题与需求，进而优化产品❶。人机交互中的用户测试至关重要，合理方法、计划及真实反馈是改进设计的关键。持续测试能提升用户体验、满足更多需求，从而设计出更优秀的产品（表5-2）。

表5-2　用户测试流程

确定测试目标	选择合适测试方法	制订合理测试计划	测试过程中的注意事项	分析与总结
明确测试的目标与重点，能够提高用户满意程度，明确测试目标使测试更具针对性，从而获得更加真实有效的数据	用户访谈法 用户观察法 眼动追踪法 问卷调查法 可用性测试 用户故事法	进行用户测试之前，设计人员需制订详细的测试计划，包括测试时间、地点、内容和流程等	为参与者提供明确指导 观察用户行为和反应 鼓励测试者表达真实感受与意见 注意记录与整理数据	分析总结数据，通过统计对比，揭示用户的问题与需求，进而优化产品

5.1.5　视觉界面

视觉界面，是软件与用户交互的核心环节，集人机交互、操作逻辑和界面美观性设计于一体。视觉界面设计涵盖视觉、交互及信息架构等多个维度，旨在打造美观且易用的界面，提升用户体验和产品价值。优秀的视觉界面设计能够深入理解用户需求，确保界面既符合用户心理与行为模式，又凸显软件特色，从而为用户提供流畅、自然的操作体验。

5.1.5.1　视觉界面设计要求

（1）易操作性

交互设计作品需确保界面的易操作性，采用超媒体链接技术整合文字、图形、声音等媒介要素，形成连贯整体，呈现于复杂交互系统中。界面应反映信息总和，保持风格一致性，使用户能依据认知经验通过视觉暗示正确操作，逻辑流畅地浏览信息并体验情感。操作需符合用户习惯，便于返回主界面或退出作品，确保用户轻松理解信息与情感表达。

（2）艺术可视性

视觉设计是交互设计的核心，需突出艺术可视性，融入新艺术思想吸引用户。界面作为用户与产品的首个接触点，应运用前卫艺术符号与虚拟化空间结构，创造吸引眼球的视觉效果，促进情感沟通并激发共鸣。设计宗旨在于满足用户需求，传递信息。关键在于界面需有效支撑交互，组件服务于交互行为，虽可追求美学与艺术性，但不得损害交互功能。

5.1.5.2　视觉设计原则

（1）了解用户需要

设计师要根据用户的需要进行设计，还要了解用户使用产品时的环境、特点等，以

---

❶ 袁政江. 浅谈软件静态测试中的代码审查［J］. 计算机光盘软件与应用，2012（3）：202，204.

确保设计出符合用户期望的、易用的产品。

（2）简洁清晰

视觉界面设计要简洁清晰，突出重点，减少用户阅读难度和识别难度。

（3）界面整齐

要从方便阅读、结构稳定、布局合理等角度出发，注意艺术设计和功能的平衡。

（4）色彩搭配

正确选择色彩搭配方案，整体色调舒适

统一，突出重点，吸引用户使用，提高用户使用满意度。

（5）差异化处理

产品的色彩、符号、逻辑等存在一定差异，区别于其他产品，提高产品个性化的同时能够让使用者快速找到相应内容。

（6）美学与易用性的平衡

设计师需要在美学与易用性之间达到平衡（图5-3）❶。

图5-3 学生作品 *Tooth-Clean* 视觉界面设计 赵天琪

界面设计需要综合理论知识和实操能力，运用多元设计元素满足用户需求。设计师应该高度关注平面设计、视觉设计、用户体验及设计规范，实现局部与整体设计的融合，平衡美学与易用性，确保界面设计既美观又实用。

5.1.6 切割编码

切割编码是产品开发的一个关键环节，其涵盖了将综合性设计方案转化为具体可执行编程任务的过程。该环节的成功实施对于保证软件产品的最终质量和实用性至关重要。切割编码不仅要求对整个系统进行模块

---

❶ 蔡萌亚，王文丽. 汽车智能座舱交互设计研究综述［J］. 包装工程，2023，44（6）：430-440.

化和精细划分，还需遵守高度专业化的设计原则，如模块化、高内聚低耦合，以及重视代码的可读性、可维护性和可扩展性。

在对产品进行模块化设计时，应当将系统细分为多个功能明确、相对独立的模块。每个模块应具体承担一组紧密相关的职责，从而保障系统内各部分的高内聚。此外，模块间的低耦合性是此阶段设计的另一个关键目标，以减少各模块间依赖关系，实现清晰和简化的接口定义，进而降低未来系统维护和升级的复杂性，进而节约成本。

进一步来说，代码的可读性直接关系到后续团队协作与产品维护效率。一个易于阅读和理解的代码库能够提高团队的工作效率和沟通品质，减少误解与错误。同时，可维护性与可扩展性也是切割编码时必须考量的重点。只有保持代码的灵活性与清晰的文档记录，才能应对未来产品的迭代和潜在需求变化。

性能优化亦是切割编码过程中不可忽视的一环。良好设计的代码模块应当考虑到处理速度、内存使用效率、并发控制等因素，确保产品在实际运行中的高效性。此外，安全性是现代信息交互产品开发的基石之一，开发人员需在编码阶段内嵌合适的安全机制，如输入验证、错误处理、数据加密等，以防止可能的安全风险。

值得注意的是，用户体验在切割编码阶段也应当得到充分考虑。尽管用户体验与界面设计息息相关，但代码的适当实现同样影响到用户与产品交互时的感受。因此，在编码时需着眼于响应时间的优化、保证数据一致性和实现友好的错误处理机制。

另外，有效的切割编码策略亦应支持对产品的高效测试，使得模块或整个系统的测试成为可能。这一点对确保产品模块的可靠运行和整体质量管理至关重要。通过切割编码，开发团队能够以模块为单位，逐步完成编程任务，支持产品的快速迭代和持续集成，从而在市场中快速响应客户需求，保持竞争力。

综上所述，切割编码作为信息产品全流程中的一个重要组成部分，不仅要求技术精湛，还需要开发人员对软件工程原理有着深刻的认识和实践经验。通过适当的切割编码策略，可以确保信息产品在快速发展的市场中表现出色，兼具高用户满意度与持续的创新能力。

5.1.7　发布跟踪

（1）发布计划

古语云："预则立，不预则废"。产品规划至关重要，确保工作有序、高效。产品设计过程中，规划不可或缺。图5-4展示了产品发布计划的流程。

（2）线上日志观察—上线—产品第二次验收

在产品从第一批发布到第二批发布的间隔期间，若线上出现问题，首要任务是查阅线上日志，精准定位问题所在，进而逐步排查直至解决。问题解决后，方可进行发布。通常，企业会配备错误日志搜集系统以辅助这一过程，或者通过登录跳板机进行直接查看。当线上日志显示无异常后，产品即可安全上线。

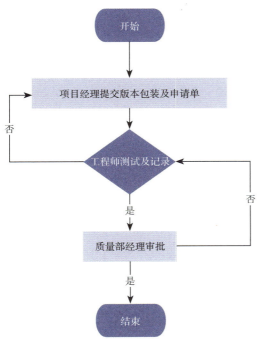

图5-4　产品发布计划的流程

5.2　信息产品快速迭代流程

信息产品快速迭代开发，作为一种高效的产品开发方法，旨在迅速响应变化和持续优化产品。它深植于敏捷开发理念，通过多个开发周期中的迭代过程，不断完善产品，以满足用户需求和适应市场变化❶。图5-5展示了信息产品迭代流程的关键步骤。

5.2.1　确定需求

（1）需求获取

通过用户访谈收集用户对产品的期望、使用习惯、痛点等信息，从而了解他们的真实需求；通过市场需求的调研与分析等洞察市场的整体需求和竞争态势，为产品设计提供市场依据。

（2）需求选定

与利益相关者沟通，明确需求，并为每个迭代确定优先级。从需求池中提取出本周期内需要开发的内容，并进行优先级排序，制订迭代计划。

（3）需求管理

对于有价值的需求，会继续跟进全生命周期管理，包括产品定义、原型/交互设计、技术评审、研发、测试、上线；对于无价值或者不合理的需求，就会驳回，需求的生命就此终止。

（4）需求评估

撰写详细需求文档并提交评审，召集相关部门和人员对本周期的需求进行评估，确定最终的开发内容以及各部门工作的排期。此阶段需要确保开发文档详细且细致，以利于项目的推进。

5.2.2　设计与开发

（1）设计策划

设计和规划每个迭代，确定需要完成的工作和时间表。在每个迭代之前，明确目标和计划。提出经过前期分析和思考的策划方案，并确定设计标准。这是一个系统性过程，旨在确保产品从概念到实现都符合预定的目标和市场需求。

（2）视觉设计

设计是产品开发中不可或缺的一环，它

---

❶ 李全升，苏秦. 市场导向、迭代式创新与新产品开发［J］. 管理学报，2019，16（12）：1790-1799.

涉及产品的外观、界面、图标、排版等多个方面，直接关系到用户对产品的第一印象和使用体验❶。产品视觉设计的目标是突出产品特点，传达产品的核心价值，塑造产品的品牌形象，提升用户体验，帮助用户更好地理解和使用产品。视觉设计包含调研分析、概念设计、设计细化、评审修改、输出实施五个步骤（图5-6）。

（3）功能开发

根据前期设计和策划文档，编码开发产品。这一环节是产品迭代中的核心部分，需要确保开发过程顺利进行并满足预定需求。这种快速迭代的方式也有助于企业快速响应市场变化，保持竞争优势。

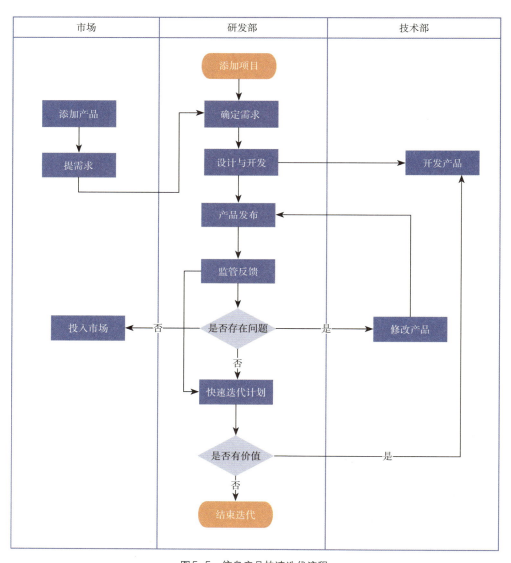

图5-5　信息产品快速迭代流程

❶ 张永宁，陈东生，张向宁. 计算机辅助艺术设计的现状与展望［J］. 装饰，2003（9）：26-27.

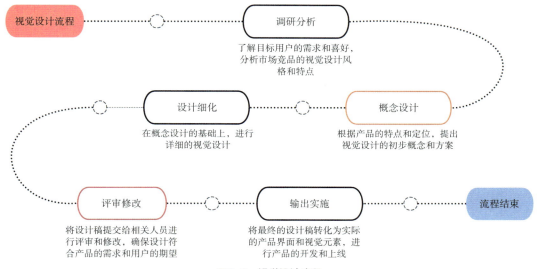

图5-6　视觉设计流程

5.2.3　发布反馈

发布反馈环节涉及用户测试与体验，即设计师和开发人员将迭代后的信息产品提供给部分用户试用。通过用户的实际操作与反馈，能发现产品潜在的问题与不足，为后续的优化工作提供关键依据，确保产品质量的持续提升。

（1）数据收集与分析

在反馈环节，首先需进行的是数据的收集与分析工作。设计师和开发人员借助工具和方法，如流量分析、热图追踪、用户行为记录等，收集关于用户如何与产品互动的数据，包括点击率、页面停留时间、用户路径和转化率等。对这些数据进行深入分析不仅能够揭示用户的操作习惯和偏好，还可发现可能未被直接言说的用户需求，为产品的细节调整和功能改善提供科学依据，从而达到优化用户体验的目的。

（2）用户反馈收集与处理

直接的用户反馈收集也是此环节的核心工作。用户通过多种反馈渠道，如在线问卷、产品评论、社交媒体及客服交流等，提供宝贵的意见和建议。产品团队需设立专门机制以管理这些反馈信息，包括反馈的接收、整理、分析和回应。诸如此类的反馈不仅涉及产品的功能、性能和界面设计方面，也往往涉及更深层次的用户满意度和情感体验。团队中的产品经理、设计师和开发人员必须协作，针对用户提出的问题和建议做出响应式的优化计划和策略调整。

（3）迭代计划的制订

基于用户测试、数据分析及反馈，团队接下来将制订详细的迭代计划。这一计划不仅规定了改进功能点、优化设计元素等，还包括了具体的实施步骤、责任分配和时间节点。这一环节要求项目管理者具备前瞻性和策略性思维，以确保迭代计划能够有效推动产品向前发展，并在下一轮发布中给用户带来明显的体验提升。

在整个迭代流程中，从收集需求开始，

就需要对需求进行全生命周期管理。有价值的需求会继续跟进并纳入迭代计划，而无价值或不合理的需求则会被驳回。还需要判断需求的真伪和价值，确保只有有价值的需求才会被纳入迭代计划。

通过以上流程，数字产品可以持续地进行迭代优化，提升用户体验，满足市场需求，并在竞争激烈的市场中保持竞争力。

5.3　用户体验要素模型

随着技术的迅猛发展和需求的变化更新，信息产品市场竞争加剧。为了在市场中长久生存，信息产品需构建符合消费者期望的理想品牌，提供卓越的品牌体验。实现这一目标的有效途径是站在用户的角度塑造更高层次的品牌体验。单纯依赖视觉表现已不足以在竞争中脱颖而出，而基于用户体验的品牌构建能迅速且持久地吸引用户关注，深入用户内心，为用户带来深刻而美好的品牌体验。

5.3.1　用户体验要素模型简介

用户体验要素模型由加瑞特（Garrett）在《用户体验要素：以用户为中心的产品设计》一书中提出，其中，用户体验要素模型分别由战略层、范围层、结构层、框架层和表现层五个层次构成❶（图5-7）。

在交互设计实践中，需综合考虑产品、

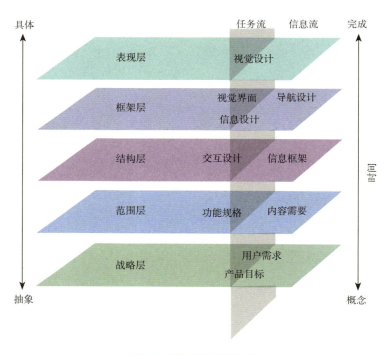

图5-7　用户体验要素模型

❶ 赖世文. 基于Garrett用户体验要素模型视角下个性化饮食推荐APP设计研究［D］. 南昌：江西财经大学设计与艺术学院，2023.

服务、活动与环境等多维度因素。用户体验理念应贯穿于产品设计的每一阶段，确保以用户为中心的核心思想得到体现。需求分析则依赖于产品数据、用户调研与反馈、竞品分析、可用性研究及用户画像构建等系统性的方法，以深入挖掘并满足用户需求❶。

5.3.2 战略层

战略层即设计的主要目标，源于用户需求或企业产品目标。用户使用后，会判断其是否满足自身目标。战略层的核心是明确用户是谁、需求为何，以及公司的商业价值与风险。《用户体验要素：以用户为中心的产品设计》聚焦用户体验，强调"用户需求"与"产品目标"两大维度❷。

5.3.2.1 用户需求

在特定情境下，特定人群所面临的特定问题，若具备解决的可能性，即可称为需求。

（1）用户细分

用户细分是实现精准定位目标用户的关键，需进行垂直细分。

（2）可用性和用户研究

可用性和用户研究可通过问卷调查、用户访谈、焦点小组和现场调查等方法进行。

（3）创建人物角色

人物角色即用户画像，创建人物角色旨在通过典型人物侧写，明确目标用户群的特性和需求。这种归纳总结的方式利用虚拟人物模型，将用户群分类并归纳，以揭示主流用户对产品的期望和诉求。

5.3.2.2 产品目标

产品目标等同于商业目标，旨在通过产品实现盈利，涉及预期利润和用户数等。成功标准则是衡量产品成效的关键绩效指标。用户需求塑造产品原则，而产品目标则明确产品定位（图5-8）。

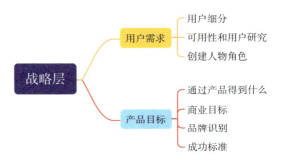

图5-8 用户体验要素模型的战略层

5.3.3 范围层

范围层主要关注的是产品的具体功能和内容，以及它们之间的关系和呈现方式（图5-9）。

规则：规则定义了产品使用中用户行为的边界和约束条件，确保用户操作的一致性和产品的稳定性。规则包括但不限于交互规则、业务规则、数据规则等，它们共同构成了产品使用的基础框架。

功能：功能是产品实现用户需求和目标的核心手段，是产品价值的具体体现。功能需要被明确界定和描述，包括其名称、输

❶ 杰西·詹姆士·加瑞特.用户体验要素：以用户为中心的产品设计［M］.2版.范晓燕，译.北京：机械工业出版社，2011.
❷ 傅诗淇.非物质文化遗产信息可视化设计的符号语言和信息架构研究［J］.参花，2024（10）：58-61.

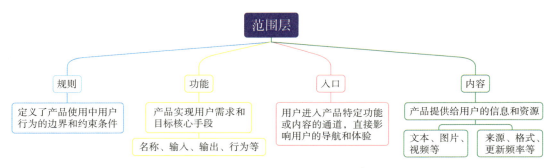

图5-9 用户体验要素模型的范围层

入、输出、行为等，以确保开发团队对功能有清晰的理解。

入口：入口是用户进入产品特定功能或内容的通道，其设计直接影响用户的导航和体验。需要确定哪些功能或内容需要设置入口，以及入口的呈现方式和位置，确保用户能够便捷地找到所需内容。

内容：内容是产品提供给用户的信息和资源，是产品与用户之间交流的重要载体。需要明确产品应包含哪些内容，如文本、图片、视频等，以及内容的来源、格式、更新频率等，以确保产品内容的丰富性和时效性。

5.3.4 结构层

结构层指产品的架构设计和组织方式。这一层关注于如何将产品的各个组件和模块进行有效的组织和连接，以及如何组织和呈现信息以促进用户理解和交互，以实现整体的功能和性能目标。这一层次可以被看作构建用户体验的框架，支撑起用户感知和操作产品的整体架构。结构层的设计涉及操作流程、界面结构、信息框架三方面。

（1）操作流程

操作流程是用户在使用产品时遵循的一

系列有序动作与步骤。在结构层中，其设计旨在实现用户高效、流畅地完成特定任务或达成目标。这要求深入研究用户行为，合理组织并优化产品功能。通过清晰的设计，降低操作复杂度，提升产品易用性，从而增强用户满意度（图5-10）。

（2）界面结构

界面结构是产品界面中元素的组织与排列方式。在结构层设计中，需考虑用户认知与操作习惯，以及产品功能需求。合理的界面结构设计能使元素关系清晰，便于用户迅速定位所需信息或功能，进而提升产品可用性与用户体验。

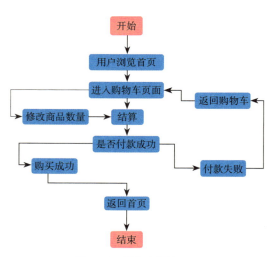

图5-10 操作流程的图示

（3）信息框架

信息框架是产品中信息的组织结构与分类方式。在结构层设计中，旨在构建清晰、一致的信息体系，便于用户获取与理解产品信息。这涉及确定信息的层级、分类及呈现顺序。合理的信息框架设计能提升信息传达效率，减轻用户认知负担，增强用户对产品的理解与信任。

5.3.5 框架层

在产品设计的框架层，关键要素包括原型设计、布局、控件，以及各种场景和细节。

原型设计：作为框架层的核心，旨在呈现产品界面的初步形态与功能。常以线框图或高保真原型展现，用以验证交互设计的可行性与用户体验。通过原型设计，设计师能直观展示产品操作流程、界面元素及用户与产品的交互方式。

布局：指界面中元素的排列与组合方式。在框架层设计中，需确保元素间空间关系合理、视觉效果清晰，以引导用户注意力并提升使用效率。良好的布局应遵循对齐、对比、分组等原则，确保界面整洁有序，便于用户理解与操作。

控件：是用户界面中执行操作或传递信息的图形元素，如按钮、文本框等。在框架层设计中，需注重其功能性、可用性及视觉效果。控件的尺寸、颜色、位置应与整体设计风格协调，并确保其交互行为符合用户预期与习惯。

在框架层设计中，需全面考虑产品在不同使用场景下的表现与需求，涵盖用户在不同环境、设备以及任务、需求下的操作场景。设计师应针对这些场景设计适宜的界面与交互方式，确保产品在不同情境下均能提供卓越的用户体验。此外，还需注重细节设计，如动画效果、过渡状态及错误提示等，以提升产品的整体品质与用户体验（图5-11）。

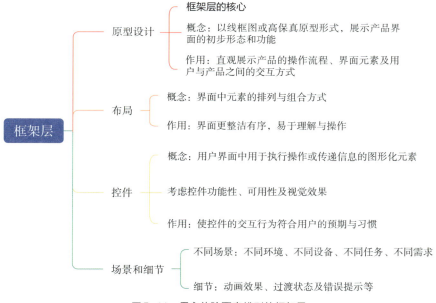

图5-11 用户体验要素模型的框架层

5.3.6　表现层

表现层是产品设计的最外层，直接与用户的感官相接触，涉及视觉、听觉甚至触觉等一切用户可感知的元素。在表现层，设计团队综合运用色彩、形状、文字、声音和动画等多种元素，以塑造产品的美学感受和情感体验。这一层次不仅关系到用户的第一印象，更为产品品牌和用户间建立情感联系起着决定性作用。在表现层中产品外观、产品品牌和视觉情感是关键的设计要素。

产品外观：表现层是软件界面设计的直观展现，涵盖布局、色彩、字体与图标等核心视觉要素。这些要素需和谐统一来塑造品牌形象，传递产品的个性和价值观，以构建出既美观又实用的界面，进而增强产品的吸引力。产品的视觉风格应当一致且独特，以便在用户的心中树立明确和长久的品牌记忆。强有力的视觉元素能够促进用户信任，提高用户对产品质量和专业性的期待。

产品品牌：表现层作为品牌形象的直观表达，需通过设计元素凸显品牌的独特性和核心价值。设计师需深入理解品牌精髓，将其巧妙融入界面设计中，确保产品在视觉上与品牌理念高度一致，进而加深用户对品牌的认知与记忆。

视觉情感：表现层设计旨在触动用户情感，建立深厚的情感纽带。通过运用色彩心理学、图形语义等手法，设计师可营造各种情感氛围，如温馨、愉悦或专业，以激发用户的共鸣与认同（图5-12）。

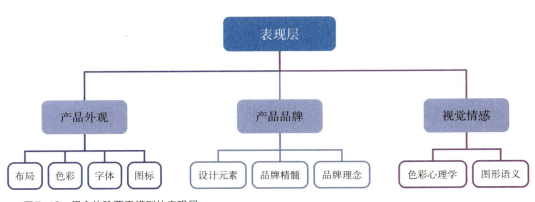

图5-12　用户体验要素模型的表现层

此外，设计师可以充分利用各种感官元素，调动用户的触觉听觉等，创造出更具有吸引力的用户界面。例如，在许多现代产品中，触感设计越发受到重视。触觉反馈，如手机或游戏控制器的振动，可以提供身临其境的感受，为产品添加一种物理层面的交互。触感设计可以通过微妙的振动来传达信息、确认用户的操作，或增强游戏和应用中的真实度。调动用户的听觉则可以通过音效、提示音等听觉元素提供操作反馈和情感引导，正确的声音配合，如通知音、反馈声音或背景音乐，能够增强用户的互动体验，使其更为生动和愉悦。声音设计需要考虑产品的用途和用户环境，恰当的音量、音调和节奏都需精心挑选，以免产生干扰或不适。最后，适当的动态效果也能让用户界面显得更加活力四射。在界面上使用动画和过渡效果可以增强用户体验，从加载动画到滑动效果，动态设计可以引导用户注意力，清晰展示操作的结果，还能在提升用户乐趣的同时降低其等待的不耐烦感。视觉、听觉、触觉和动态效果和谐统一地融合在产品设计中，共同构成了表现层的丰富交互体验，极大地增强了整体用户体验，提升了软件产品的用户吸引力和满意度，让用户与产品之间建立起正面的情感连接。

5.4 交互设计的方法

交互设计的方法是通过深入研究用户需求和行为，运用用户画像、情境理论、用户体验地图、产品核心功能与功能流程图等工具，优化产品交互流程与界面设计，提升用户体验与产品价值的一系列专业手段。

5.4.1 用户画像

用户画像是勾画目标用户、连接用户诉求与设计方向的有效工具，广泛应用于各领域。它将用户的属性、行为与期待数据转化联结，作为实际用户的虚拟代表。用户画像并非脱离产品和市场构建，而是能代表产品的主要受众和目标群体，具有代表性。通过用户画像，设计师能更好地理解用户需求，从而进行精准的产品设计。

5.4.1.1 用户画像的特点

第一，用户画像基于现实用户信息特征的描述，通过大数据技术处理数据，归纳出代表用户不同维度的特征标识，客观反映其社会属性和行为习惯，为产品设计和服务提供精准指导[1]。

第二，用户画像结果可以代表具有共同特征的一类用户。用户画像把用户按照不同的需求、特征区分成若干个不同的群体，然后提炼的每个群体的特征[2]。

第三，用户画像通过勾画目标用户轮廓，实现产品精准定位。若目标用户特征鲜明，产品则定位精准、解决核心问题。用户画像即用户信息标签化，通过标签满足用户需求，体现以用户为中心的设计理念[3]。

5.4.1.2 用户画像的意义

（1）理解用户

人物角色是用户研究的精华呈现，有效概括海量用户特征，生动展现用户心理模型，便于设计师进行换位思考，深入理解用户需求。

（2）提高沟通效率

人物角色具象化用户研究结果，生动展现用户真实目标和动机，为团队提供统一用户认知基础，显著提高沟通效率。

❶ 梅阳阳.基于网络行为的用户画像算法研究［D］.广州：广东技术师范大学计算机科学学院，2019.
❷ 刘建军，冯佳宁，纪雨晴.基于服务设计的高校健康助手APP设计研究［J］.设计，2023，36（16）：46-49.
❸ 邵雨舟.用户画像技术在产品营销中的应用［J］.电脑知识与技术，2021，17（5）：235-236，239.

（3）设计依据

人物角色是"以用户为中心的设计"的着力点，团队成员对设计方案存在分歧时，可以依据人物角色来选择最佳的设计方案。

5.4.1.3　用户画像八要素

用户画像涉及八个要素，即基本性、同理性、真实性、独特性、目标性、数量性、应用性和长久性（图5-13）。

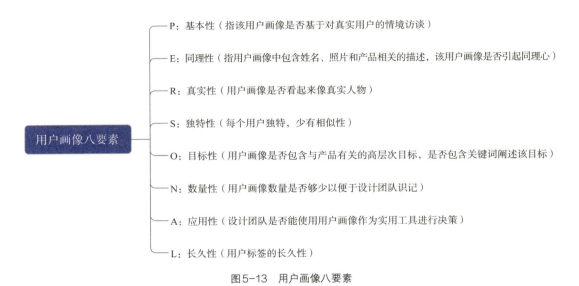

图5-13　用户画像八要素

用户画像选择八要素有以下几点原因：

第一，使产品的服务对象更加聚焦；

第二，服务的目标用户越清晰，特征越明显，在产品上就越能专注、极致，能解决核心问题；

第三，给特定群体提供专注的服务，远比给广泛人群提供低标准的服务更接近成功；

第四，可以在一定程度上避免产品设计人员草率的代表用户；

第五，可以提高决策效率。

我们在线上整合用户画像的八个要素，描绘目标用户群体特性，即"受众定向"。研究主要基于产品运营数据，获取用户基本信息和网络行为，进行差异化分群。

5.4.1.4　用户画像构建原则

交互设计构建用户画像需遵循五个原则：一是有效性，确保准确刻画用户需求；二是真实性，基于真实数据构建画像；三是独立性，各元素独立且有区分度；四是全面性，广泛覆盖视频、图片、文字等数据；五是统一性，用户信息与产品设计信息双向匹配（图5-14）。

图5-14　用户画像构建的原则

5.4.1.5　创建用户画像的方法

创建用户画像，从流程上可分为三大步骤：获取和研究用户信息、细分用户群、建立和丰富用户画像。三大步骤中，最主要的区别在于对用户信息的获取和分析，从此维度上讲主要有以下三种方法（表5-3）。

表5-3　基于获取和分析用户信息维度的创建用户画像的方法

方法	步骤	优点	缺点
定性用户画像	1.定性研究：访谈 2.细分用户群 3.建立细分群体的用户画像	省时省力、简单，需要专业人员少	缺少数据支持和验证
经定量验证的定性用户画像	1.定性研究：访谈 2.细分用户群 3.定量验证细分群体 4.建立细分群体的用户画像	有一定的定量验证工作，需要少量的专业人员	工作量大，成本较高
定量用户画像	1.定性研究 2.多个细分假说 3.通过定量收集细分数据 4.基于统计的聚类分析来细分用户 5.建立细分群体的用户画像	有充分的佐证、更加科学、需要大量的专业人员	工作量大，成本高

（1）群体定量统计分析

用户画像基于数据分析初步了解海量用户需求，通过用户数据提取分析与问卷调研实现，确定统计分析维度指标。维度分析包括人口属性（如地域、年龄等）和产品行为（如活跃频率、产品喜好等），以全面理解用户特征。

（2）具象的定性个体描述

创造人物角色是在海量数据分析基础上，具象化得到的虚拟用户。史蒂夫·穆德（Steve Mulder）在《赢在用户》中提出的（Personal）概念，强调人物角色的基本性、移情性、真实性、独特性、目标、数量和应用性。一个产品通常最多满足3个角色需求，设计团队应使用人物角色作为实用工具进行设计决策。

用户访谈和现场调查揭示用户期望、兴趣点、网站缺陷及改进机会。可用性测试识别阻碍用户目标的障碍。用户调查验证与用户目标、动机相关的研究发现。人物角色汇聚团队共识，明确设计对象与需求。定量研究反映现状，定性研究解析原因。用户访谈发掘用户目标与观点，调查问卷验证这些发现（图5-15）。

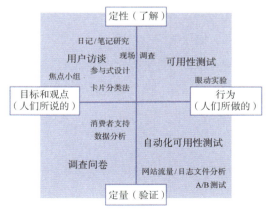

图5-15　用户研究和测试技术的分布

定性研究旨在了解和分析用户，而定量研究则侧重于验证。定量分析成本较高且专业性更强，而定性研究成本较低。因此，创建用户画像的方法应基于项目需求、时间及成本灵活选择。

5.4.1.6　用户画像构建步骤

构建用户画像的步骤是数据收集—行为建模—构建图像（图5-16）。

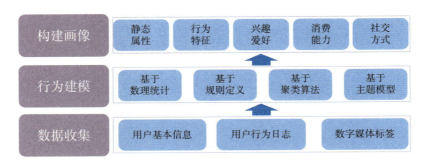

图5-16　用户画像构建步骤

（1）数据收集

数据收集主要收集用户在与系统交互过程中产生的数据。

（2）行为建模

行为建模是对目标用户行为特征的深入分析与抽象化表达，旨在通过收集分析用户行为数据，构建反映真实行为模式和偏好的模型。这些模型有助于设计师精准理解用户需求，设计出更贴近用户期望和习惯的交互界面与体验。简而言之，用户画像行为建模是转化用户行为数据为设计实践指导信息的过程。

（3）构建画像

构建画像指通过行为建模，可以输出一系列的用户标签，标签可以表示出用户的特点，用户画像的信息维度可以根据不同行业和不同场景来构建[1]。

5.4.2　情境理论

情境理论可用分析用户、工作环境和任务，并模拟和预测不同前景。在产品设计中，它描述产品与人的互动故事，构建情景以分析技术可行性和制约条件，发现问题并激发设计灵感。该方法广泛应用于各领域，助力设计思考和创新[2]。

（1）情境化设计的特点

情境化设计以用户为核心，倡导设计师深入用户环境，洞察其在特定活动中的真实问题，进而设计出有针对性的产品[3]。其目标是优化用户在特定情境下的体验，因此设计师需细致观察用户群体，发现交互缺陷，

[1] 尹婷婷，曾宪玉.用户画像技术在高校数字图书馆信息服务中的研究与应用[J].图书馆理论与实践，2021（6）：106-111.

[2] 毛宏萍.基于"情景故事"的产品设计分析方法探讨[J].设计，2015（18）：129-130.

[3] 夏春燕.基于情景分析的概念设计方法体系研究及其应用[D].西安：西北工业大学机电学院，2005.

并进行精准改进（图5-17）。

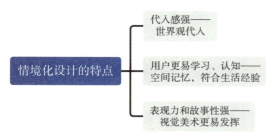

图5-17　情境化设计的特点

（2）情境理论中的用户

用户指的是产品的目标受众群体，他们具有特定的需求、认知模式、行为习惯以及情感反应。情境理论强调将用户置于其实际的生活和工作场景中，全面而深入地理解他们的真实需求和体验。这不仅包括用户的基本人口统计信息，如年龄、性别、职业等，更重要的是要探究他们的心理特征、行为模式以及与产品或服务相关的使用习惯。通过用户研究、用户画像构建、用户访谈等方法，我们能够更准确地把握用户的真实需求和期望，从而为后续的交互设计提供有力的依据。在情境理论指导下，设计师能够设计出更符合用户心智模型、操作习惯和情感需求的交互方案，以提供卓越的用户体验。

（3）情境理论中的场景

场景指的是用户与产品或服务进行交互的具体环境和背景。它涵盖了物理环境、社会环境以及用户在使用产品或服务时所处的特定情境❶。物理环境包括用户所处的空间布局、光线条件、设备配置等；社会环境则涉及用户的社会角色、文化背景、交往对象等；而特定情境则是指用户在使用产品或服务时面临的具体任务、目标以及可能遇到的挑战。

情境理论强调在交互设计过程中充分考虑场景因素，以确保产品或服务能够在不同场景下为用户提供一致且优秀的体验。设计师需要通过对场景的深入理解和分析，确定用户在各种情境下的需求和期望，进而设计出符合用户心智模型和行为习惯的交互方案。

（4）情境理论中的任务

任务是指用户在特定场景和条件下，为达成某种目标或满足某种需求而执行的一系列操作或活动。这些任务通常是用户与产品或服务进行交互的核心，也是交互设计过程中需要重点关注和优化的部分。

在情境理论中，任务不是用户执行的一系列简单动作，而是包含了用户的目标、动机、期望以及可能遇到的问题等多个层面的复杂过程。因此，对任务的深入理解和分析是交互设计成功的关键。

首先，设计师需要明确用户的目标和需求，了解用户希望通过执行哪些任务来达成这些目标。其次，设计师需要分析任务的复杂性和难度，确保任务流程符合用户的认知和行为习惯，降低用户在使用过程中可能遇到的障碍。此外，设计师还需要考虑任务之

❶ 包啸君，左振玉，梁峭. 基于ANP和情境理论的防暴车辆造型设计研究［J］. 设计，2023，36（3）：114-119.

间的关联性和顺序性，确保用户能够顺畅地从一个任务过渡到另一个任务，提高整体的用户体验。

在交互设计实践中，任务分析通常包括任务分解、任务流程梳理、任务关键节点识别等步骤。通过这些步骤，设计师能够更全面地了解用户的需求和期望，为设计出更符合用户心智模型和行为习惯的交互方案提供有力支持。

5.4.3　用户体验地图

用户体验地图（User Experience Map）是剖析用户场景与体验问题的工具。通过横向剖析需求、纵向剖析行为节点，拆解模糊需求，为角色、场景、行为等要素做视觉化表达，定位痛点，促进团队交流。用户体验地图从用户角度揭示战略机会与痛点，通过调研、分析、资料梳理，形成可视化地图，进而分析整体体验，输出改进方案，推动创新项目❶。

5.4.3.1　用户体验地图特点

用户体验地图是用户视角的全流程体验分析工具，具备全局、动态、故事化、可视化等特点。它包括用户目标、触点、痛点、满意点等，旨在度量服务中各阶段用户交互。用户目标涉及用户在使用产品或服务时的具体需求和期望；触点则是用户感官接收到的与体验相关的实体、服务或环境；痛点源于期望与实际体验的落差，是服务优化的动力；满意点是需求被满足的正向反馈。用

户体验地图相较于其他工具更为完善、精细，以用户画像为基础，细分服务流程，跟踪触点，深入分析痛点与满意点，以可视化方式展现并提供优化建议。

5.4.3.2　为什么使用用户体验地图

无论用户研究水平如何，都应了解基础的"满意度调查"和"NPS调研"。对于进阶者，还应掌握"用户深度访谈"和"产品体验走查"等方法。然而，在常规调研中，我们常对结论存疑，如用户的不满、不推荐原因、需求来源，以及改进后效果不佳的原因。用户体验地图能够深化对用户真实需求和行为的理解，避免主观臆断，更精准地把握用户需求，优化产品设计，提升用户满意度和忠诚度，并指导产品迭代和市场策略。整体来看，用户体验地图能够带来三方面的价值。

（1）从场景中真正理解用户

避免设计师视角：产品的设计者与决策者需以用户为核心，深入洞察用户需求，确保用户能顺利完成任务并感到满足。

避免盲目听从用户需求：理解用户需求超越表面的言辞，深入用户场景，观察其达成目标的完整路径，从而洞察其真实需求。

理解不同用户间的差异：产品涉及不同用户画像，如商家，其功能和需求各异。为满足共性需求，需提炼核心功能；针对差异性需求，需推出个性化定制功能。通过平衡共性与差异，优化用户体验。

---

❶ 吴春茂，李沛. 用户体验地图与触点信息分析模型构建[J]. 包装工程，2018，39（24）：172-176.

（2）进行全局性的评估并发现机会

产品全局：在交互设计中，应避免仅从功能角度审视产品。应整合数据与用户反馈，以全局视角审视流程，发掘潜在机会点，实现更优化的设计。

用户全局：用户体验不仅涉及单一产品，还需考虑前后延展、过程联动，以及人际、空间等触点。为探索产品外机会点，需综合考虑并联络全局，实现更优化的交互设计。

（3）在共创中与用户达成共识

建立用户体验地图有助于与用户建立同理心，达成共识。通过倾听用户声音、理解行为，打破业务角色局限，聚焦全局。与用户达成共识后，能做出更合适的决策。用户体验地图促进设计与消费者沟通，避免片面视角，助力快速开发，提高用户满意度，加速产品上市。

5.4.3.3　用户体验地图构建步骤

（1）调研明确用户与场景

在构建用户画像方面，首要任务是明确服务对象并对其需求进行深入挖掘，这里有许多研究方法可以作为展开用户调研的依据。

人类学研究：人类学研究旨在描绘种族或团体的生活方式，并深入剖析其与文化中诸因素（人、事、时、地、物）的交互影响，借鉴了社会学的研究方法❶。

深度访谈：专业访谈人员与被调查者进行一对一深度交谈，时间通常为30分钟至1小时，聚焦于特定论题。

游击研究：游击研究是快速、低成本获取要领，以做出可靠判断的方法。

研究方法影响数据质量。为了分析，应该抄录采访音频，分析数据，创建典型用户代表。用户画像集成用户特点、动机和目标，转化为用户角色。构建完角色后，搭建使用场景描述用户与服务交互，理解情境、困难和限制，帮助用户角色从简单到详尽的转变。

（2）分析结果梳理流程

构建完用户画像与场景后，需要纵贯切分服务环节，深度梳理全流程，明确用户活动。可以综合运用问卷、访谈、观察及出声思考等方法，获取用户体验流程信息，并结合用户反馈，确定完整服务流程。

分析过程中，应用表格整理笔记，摘录用户行为、感受和想法，并从用户视角构建完整语句和情境，确保结果简洁清晰。通过问卷调查、访谈、观察和出声思考等方式获取用户体验流程信息，结合分析结果确定完整服务流程。在梳理服务流程时，需注意以下两点。

一是注重服务流程的完整性，形成完整的故事链，应该优先考虑故事的广度，避免过早关注细节。

二是在流程拆解中，需要全面列举环节与交互触点，为后续发掘服务痛点、满意点及机会点奠定基础。深入梳理服务流程有助于理解用户使用习惯和行为，进而有针对性地优化流程，提升用户体验。

图5-18展示了用户体验地图应用框架。

---

❶ 盛洁桦. 文化人类学"深描"理论对遗产解说的启示［N］. 中国文物报，2023-02-10（8）.

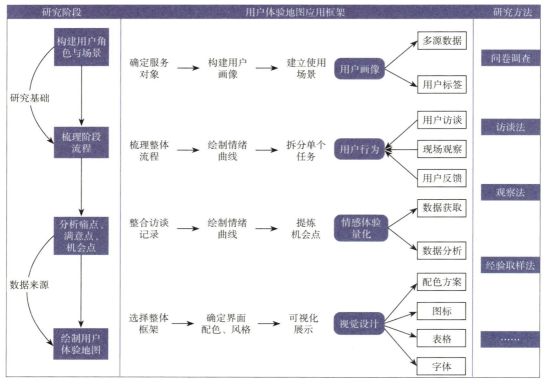

图5-18　用户体验地图应用框架

（3）痛点、满意点与机会点

基于用户调查，分组"行为"与"感受"，整理用户访谈，按任务和触点归纳情绪与感受，绘制情绪曲线。曲线低点揭示痛点，但痛点并非需求，需要深入理解并优化；曲线高点则指示满意点，助力服务迭代与优化。

在分析用户体验方面，需要具备全局思维能力，以便挖掘出机会点。在机会点挖掘环节，必须在整理出痛点和满意点之后，以用户的观察、访谈数据为基础，客观描绘事实和用户感受。对痛点和满意点要进行全面的梳理和汇总，以准确洞察用户的真实需求。在此基础上，需思考新的机会点和解决

方案，并提出优化整体流程的建议。同时，在分析用户体验时，需注意从宏观和微观两个角度进行分析，宏观层面是指基于服务全流程视角进行分析，微观是指从用户内心情绪出发进行分析，宏观、微观两个角度并不是相互独立的，需要结合统一思考，以确定优势并找到短板（图5-19）。

因此，本阶段关键在于依据调研逻辑顺序整理要点。按组或体验阶段分类要点，确立用户体验地图的整体框架和重点，为绘制体验地图奠定基础❶。

（4）绘制地图

绘制用户体验地图是关键步骤，有助于

❶ 王文韬，侯京豫，钱鹏博，等.用户体验地图：图书馆用户体验馆员的新工具［J］.图书情报知识，2023，40（5）：107-117.

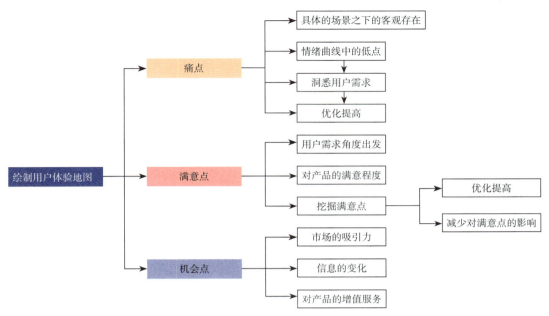

图5-19 痛点、满意点与机会点

优化服务和提升用户体验。通过可视化方法，将用户行为转化为故事情节，加深团队对用户体验的理解，形成清晰认识体系。用户体验员可利用表格、图片等可视化工具，展现生动具体的用户体验。通过分解体验过程，分析不同场景下用户行为、情感、反应及挑战，详细描绘各环节，构建情节丰富的用户体验地图。此地图能快速厘清用户体验路径，清晰呈现体验度量结果，为优化提供有力依据。以学生作品 *Tooth-Clean* 用户体验地图为例（图5-20）❶。

针对用户体验地图中的情绪曲线及提炼的痛点，产品团队可结合自身经验进行竞品分析，组织头脑风暴挖掘机会点，探索可行解决方案，以构建更符合用户体验要求的产品❷。

5.4.3.4 用户体验地图的法则

用户体验地图描绘的是目标用户在特定场景下使用产品核心功能或服务的完整体验过程。构建体验地图需遵循以下法则。

（1）明确业务目标

构建用户体验地图应明确其支持的业务目标，确保与业务需求相契合，如新游戏上线需收集用户行为及心理感受。

（2）基于事实构建

地图构建需基于现实需求及真实用户体验，获取足够样本，确保其对产品开发有价值。

（3）明确目标用户

根据产品特质和市场确定目标用户范围，基于目标用户访谈和调查构建体验地图，确保地图具备参考价值。

❶ 梁一言. 基于用户体验的"电影旅行"App界面交互设计研究［D］. 太原：中北大学艺术学院，2023.
❷ 李洋，蒋晓，丁洁. 用户体验地图在O2O产品交互设计中的应用研究［J］. 设计，2017（6）：134-136.

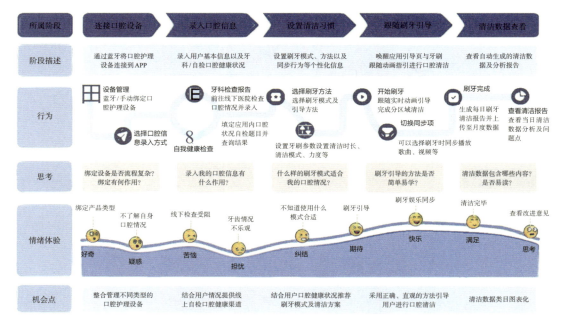

图5-20　学生作品*Tooth-Clean*户体验地图　赵天琪

（4）清晰主题与体验

清晰主题与体验指明确体验地图的主题、呈现对象及期望给目标受众的体验，保持内容聚焦。

（5）共享与传播

共享与传播指提前规划如何对目标用户进行调研、获取调研对象及后期分享方式。

（6）确保地图"聚焦"（Focused）、"社会化"（Socialized）和"真实"（Truthful）

用户体验地图作为一种专业化工具，旨在深入理解用户行为与需求，进而设计更符合用户需求的产品。它引导我们以用户视角进行产品设计，避免片面解决问题，以全局思维审视产品体验。多角色参与有助于达成共识，强化团队合作，高效推进项目。其实，用户体验地图不仅是梳理体验的工具，更是呈现调研结果、深化用户理解的平台。其应用具有创新性，可结合

多种调研方法和其他工具，共同提升用户体验地图的价值。

5.4.4　产品核心功能与功能流程图

5.4.4.1　产品核心功能

在设计交互产品时，核心功能的确定与优化是至关重要的环节。核心功能应直接针对目标用户群体的主要需求，有效解决其核心问题，从而构成产品的基本价值主张。在实现这一目标的过程中，首要任务是深入理解用户的需求、行为习惯及痛点。这通常通过用户访谈、问卷调查、观察以及大数据分析等多种方式完成。基于这些洞察，设计团队应优先考虑用户体验，努力通过简化操作流程和减少学习成本来优化每个功能的使用体验。明确产品的核心功能并非单纯的设计或技术任务，它是一项战略行动，需要充分考虑市场导向和用户行为分析。

（1）产品核心功能的市场导向

产品核心功能的市场导向是确立产品市场竞争力的决定性因素。产品成功与否，在很大程度上依赖于其是否满足市场需求，以及它能否适应竞争激烈和快速变化的市场环境。因此，核心功能设计的出发点必须是全面的市场分析和清晰的市场定位。首先，在现有市场内，产品需要确定并实施那些对目标用户最具吸引力的核心功能。这需要收集现有用户的行为，对比竞争对手的产品特征，以及认识市场流行趋势，并在此基础上进行构建分析。通过这个过程，产品团队可以识辨出哪些功能是用户所必需的，哪些功能能够明显提升用户体验，从而增强产品的市场竞争力。其次，产品在细分市场中的成功不仅取决于满足普遍需求，更在于满足特定用户群的独特需求。细分市场的用户通常有更专业或更个性化的需求，因此设计产品时需要更精细的市场细分策略。核心功能针对这些精细化需求的优化，可以使产品在细分市场中获得核心经济群体的青睐，建立差异化的竞争优势。最后，预测未来市场并据此设计产品的核心功能是一项挑战性工作。产品团队需要结合市场趋势、技术进步以及潜在用户需求的变化来预测哪些核心功能可能会变得重要。这通常需要创新思维和适当的风险投入，产品团队应该勇于实验和探索，以便准备迎接未来的市场变革。

在产品核心功能的市场导向过程中，建立一个有效的市场反馈循环也至关重要。这包括及时收集用户反馈、分析市场表现以及动态评估竞争对手。市场反馈循环确保产品团队能够根据客户的反馈、市场需求的演变以及技术的更新迅速调整核心功能设计，既保持市场的敏感度，又促成产品的持续改进。

总而言之，核心功能的市场导向要求产品团队对市场环境有深入的了解，并能根据市场的不断变化灵活调整核心功能。通过对现有市场的细致分析、对细分市场的精准定位以及对未来市场的前瞻性探索，产品可以在紧密竞争的市场中脱颖而出，实现长期的成功和增长。

（2）用户需求的满足

满足用户需求是产品设计和开发的核心目标，核心功能的有效性直接取决于其对于这些需求的响应程度。用户需求的理解始于深入的市场研究和用户行为分析，这一过程涉及多层面的洞见，从直接与用户的交流中挖掘需求，到通过行为数据洞察潜在需求。

为了实现这一目标，产品团队首先需要构建完整的用户画像，细分不同的用户群体，并理解每个群体的独特需求和喜好。定性研究，如用户访谈、焦点小组和用户测试，可以带来宝贵的第一手信息，直观地展示用户如何与产品互动，他们希望通过使用产品解决什么问题，以及存在哪些潜在的痛点。定量研究，包括问卷调查和分析用户行为数据，能够揭示使用模式和功能偏好，为核心功能的开发提供数据支撑。

通过这些深入的分析，产品团队能够明确核心功能，确保这些功能不仅可以解决用户的实际问题，还能够提供直观、便捷的体验。这些核心功能需要与用户的日常工作流程无缝集成，降低学习成本和使用障碍，同时提供足够的灵活性，以适应不同用户的个性化需求。

完成这些核心功能的设计与开发后，产品团队还需要持续收集用户反馈，以确保功能不仅在初始阶段满足需求，而且能够随着用户行为的进化而进化。用户的需求并不是静态的，随着市场的发展、技术的进步和用户习惯的变化，这些需求也会发生变化。因此，对核心功能的迭代和优化是一个持续的循环过程，应不断对照用户需求进行调整和改进。

总之，满足用户需求的核心功能开发，既是基于当前用户体验的深入洞察，也应具备适应未来变化的前瞻性。通过精准的用户研究、周密的设计思考，以及对反馈的细致响应，核心功能能够真正成为产品满足和超越用户期望的关键所在。

（3）产品核心功能的实现

实现产品的核心功能是一项涉及广泛考量和精细工作的复杂过程。这个过程从全面理解用户的需求和期望开始，并在产品开发的每个阶段都需要整合多部门的努力，包括市场研究、产品设计、工程开发以及质量控制等。

首先，产品团队必须通过市场情报、用户研究和分析来界定哪些功能构成了产品应有的核心体验。这包括鉴别用户最频繁以及最关键的需求点，并确定这些需求能够被转化为实际、可行的功能特性。实现这些核心功能时，产品的设计师和工程师需要密切协作，确保功能不仅能在技术上实现，而且在用户界面和体验上是直观和易用的。

在产品设计阶段，设计师会创建原型和线框图，模拟核心功能的用户接口和交互过程。这些初步设计会通过多轮用户测试（如可用性测试）和迭代被逐步优化，来确保它们不仅符合用户的直觉，而且能够在实践中高效地满足用户需求。

核心功能的实现也要依赖于软件工程师或开发人员将设计师的概念转化为实际的代码。在这个过程中，要考虑到可扩展性、安全性、性能和跨平台兼容性等多个技术维度。高质量的代码确保功能不仅现在可以实现，未来也能适应新的技术发展和用户需求的演变。

随着产品开发进入测试阶段，质量保证团队需要对核心功能进行系统性的测试，以确保它们在各种条件下都是稳定的、可靠的且无误差的。这些测试可能包括自动化测试、性能测试和安全测试等。

实现核心功能最后一个关键步骤是收集用户反馈。一旦产品推向市场，实际用户的反馈将变得至关重要。产品团队需要密切监听用户的反馈，无论是通过客服渠道直接收集的意见或建议，还是通过产品分析工具间接获取的使用数据。这些信息可以帮助团队识别未解决的问题，以及提供洞见以进行未来功能的迭代和增强。

在整个实现过程中，跨职能团队的协作是促成成功的重要因素，这保证了核心功能从概念到实施阶段的每个细节都被精心构思和执行。通过这种严谨而协同的方法，产品的核心功能将能够精确地满足用户的需求，并为产品在市场上取得成功奠定坚实的基础。

5.4.4.2　产品功能流程图

产品功能流程图是图形化表达产品功能

控制的图表，清晰展现了产品功能模块间的关系和交互，有助于团队成员深入理解产品整体结构。产品功能流程图的主要作用如下。

明确功能模块：绘制产品功能流程图可直观展示产品各功能模块，帮助团队成员深入理解整体功能架构。

指导开发工作：产品功能流程图详细指导开发人员理解各模块功能、输入输出及关联，以优化开发工作。

优化系统设计：通过分析产品功能流程图，可以发现系统中可能存在的冗余、重复或者不合理的地方，从而对系统设计进行优化和改进。

便于沟通和协作：产品功能流程图是一种通用的图形语言，可以帮助不同背景的人进行有效的沟通和协作，提高团队的工作效率。

在绘制产品功能流程图时，可以使用一些常用的图形元素来表示不同的内容，例如：

开始/结束：用一个椭圆形标识，代表流程的开始或结束。

流程：用一个矩形标识，代表角色要执行的动作或步骤。

判断：用一个菱形标识，代表判断条件，从菱形的每个边缘分别引出代表不同结果的箭头，并在箭头线上标注相应的条件（如"是"或"否"）。

输入/输出内容：用一个平行四边形标识，用于流程中的输入或输出，如数据的输入、文件的读取等。

流程线：带箭头的直线标识，代表流程执行步骤或数据方向，用于说明角色之间的协作关系（图5-21）。

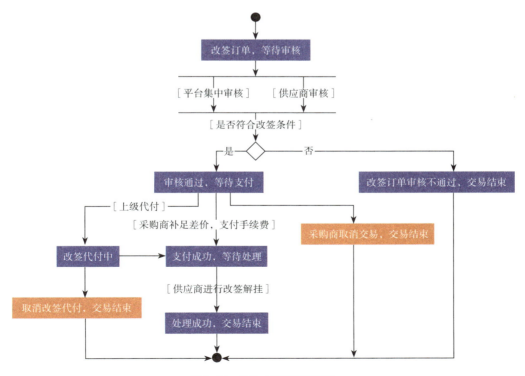

图5-21 产品功能流程图示例

通过合理使用图形元素绘制清晰直观的功能流程图，可有力支持产品设计与开发。

5.5　本章小结

本章详细探讨了交互设计的流程和方法，为信息产品的设计和开发提供了全面而深入的指导。

在信息产品全流程方面，本章介绍了从需求分析到发布跟踪的完整过程。需求分析阶段要求深入了解用户需求和业务目标，为信息产品设计提供基础。原型设计阶段则通过低保真的方式呈现产品的大致功能和界面，便于团队进行初步讨论和修改。交互DEMO阶段通过具象化界面和操作模拟，直观呈现产品的设计理念。用户测试阶段则通过实际用户的使用反馈来优化产品设计。视觉界面阶段则关注产品的外观和感觉，确保界面美观且易于使用。切割编码阶段则对开发完成的产品进行技术层面的检查，确保产品的稳定性和性能。最后，发布跟踪阶段则关注产品上线后的表现，及时收集用户反馈并进行迭代优化。

接着，介绍了信息产品快速迭代流程，这是一种适应快速变化市场需求的开发方式。该流程强调快速确定需求、设计与开发以及发布反馈，通过不断迭代来优化产品。

用户体验要素模型，是一个用于指导用户体验设计的层次化模型。该模型包括战略层、范围层、结构层、框架层和表现层，每一层都对应着不同的设计任务和目标，有助于设计师从多个角度考虑产品设计。

最后，在交互设计的方法方面，本章介绍了用户画像、情境理论、用户体验地图以及产品核心功能与功能流程图等多种方法。这些方法可以帮助设计师更好地了解用户需求和行为，从而设计出更符合用户期望的产品。

本章涵盖了从需求分析到发布跟踪的全流程，还深入探讨了数字产品的快速迭代方法，以及基于用户体验要素模型的层次化设计思路。为交互设计师提供了一套系统且详尽的流程和方法指导，有助于他们在信息产品设计和开发中更加高效、准确地完成任务，提升产品的整体质量和用户体验。

第6章
信息交互中的设计导则

6.1　信息感知导向的交互设计

6.1.1　以信息感知为基础的原因

交互设计作为定义设计人造系统行为的设计领域，其核心在于理解和满足人的需求，从而创造出符合人类行为规律的界面和体验。因此，研究交互设计的原则特征首先需要深入探讨人的行为，而人的行为本身包含了感知和认知这两个与心理学紧密相关的要素。感知和认知是人类与外界互动的关键步骤，涵盖了对信息的接受、处理和理解。在交互设计中，信息感知直接关系到用户对界面所呈现信息的理解程度，所以通过深入研究人对于信息的感知过程，设计者可以更好地把握用户对界面元素的感知方式，从而创造出更符合用户预期和习惯的设计方案。同时，通过了解用户感知和理解界面交互元素的具体行为，设计者可以更准确地规划用户在系统中的行为路径，提高用户在界面上的操作效率。最后，考虑到信息感知有助于提升界面的可访问性，不同用户具有不同的感知和认知热点，设计者需要针对不同用户群体，创造出对所有用户都友好的交互设计。

用户自身的经验和知识架构以及信息存在的状态和内容的复杂性，共同塑造了信息感知的选择性。因此，一条信息要想被用户感知其存在，就需要与用户的认知体系相适应，同时考虑用户当时的精神状态和需求。这种适应性是信息设计中至关重要的一环，

因为用户在信息感知的过程中并非孤立存在，而是与其自身的背景和情境相互交织。所以用户的经验和知识架构也充当着信息感知的过滤器，影响着用户对信息的关注侧重与接受程度。如果信息能够与用户已有的认知体系相契合，与其过往的经验和知识相连贯，那么这条信息更容易引起用户的兴趣和注意。反之，如果信息与用户的认知背景不协调，就可能会被用户忽略或产生误解，降低信息的有效传达。此外，用户当时的精神状态和需求也是信息感知的决定性因素。用户在不同的情绪状态、专注程度和需求状态下对信息的感知和反应都会有所不同。因此，设计者需要考虑用户可能处于的各种状态，以便更好地调整信息的呈现方式和交互策略。

信息感知不仅仅是用户吸收和利用信息的开端，更是触发后续交互动作的关键。一旦用户感知到信息的存在，他们可能展开一系列的交互行为，包括进一步了解、深入探索，甚至是参与互动。因此，在信息交互设计中，对用户感知的敏感性和准确性不仅关系到信息的传达效果，也关系到用户与系统之间互动的展开和深化。所以以信息感知为基础综合考虑用户的认知体系、精神状态和需求，有助于优化信息呈现效果，提升用户体验。

6.1.2　用户体验优化需求

以信息感知为基础的交互设计对于优化用户体验至关重要，包括用户对信息的敏感度、信息对用户行为的影响等方面。从理论

角度来看，用户期望产品或服务能够提供高效、便捷、愉悦的体验，而信息感知作为用户与产品之间互动的基础，直接影响着用户体验的品质。用户希望能够快速找到所需的信息，并且清晰明了地理解和使用。吸引人的信息呈现方式能够增加用户的注意力和兴趣，从而提升用户体验。在实践中，设计师需要结合具体的产品或服务特点进行设计和优化。例如，Google搜索引擎以其简洁明了的界面和快速准确的搜索结果著称，满足了用户对信息可达性的期望，从而优化了用户体验。又如苹果公司的产品，其界面设计注重信息的清晰度和视觉吸引力，iOS操作系统的界面简洁明了，图标设计美观，使用便捷，提高了用户对产品的满意度，其小组件（图6-1）的设计非常便捷，很多信息

图6-1　小组件界面

通过小组件的方式展现出来，极大提升了用户体验，放首歌，关个灯……很多事在小组件上就可以完成。还有一些内容网站（图6-2）所提供的丰富的筛选功能，也满足了用户对信息可达性和清晰度的需求，提高了用户的浏览体验。有效地满足用户对信息的感知需求，可以显著提升用户体验，从而实现产品或服务的成功应用。

图6-2　学生作品《爱宠医生》内容界面筛选功能
赵子涵

6.1.3　认知心理学基础

认知心理学提供了深入理解用户认知过程和心理机制的基础。认知心理学研究了人类如何感知、理解、记忆和处理信息，以及在此过程中产生的心理活动和行为❶。在交互设计中，理解用户的认知过程可以帮助设计师更好地设计界面和交互方式，使之符合用户的认知习惯和心理特点，从而提高用户体验。帕累托原则（Pareto Principle）❷是认知心理学中的一个重要概念，也被广泛应用

❶ 唐纳德·A.诺曼.设计心理学［M］.梅琼，译.北京：中信出版社，2010.
❷ 理查德·科克.帕累托80/20效率法则［M］.李汉昭，编译.北京：海潮出版社，2001.

于交互设计中。该原则认为，在许多情况下，大约80%的结果来自20%的原因。在设计界面时，设计师可以根据帕累托原则将注意力集中在最重要的功能或信息上，使用户更容易找到所需的内容，提高用户的效率和满意度。从实践角度来看，认知心理学的理论可以指导设计师做出具体的设计决策，并通过实验和用户研究进行验证和优化。例如，米勒法则（Miller's Law）指出，人类的短期记忆容量大约为7±2个信息单元❶（图6-3），米勒法则在交互设计中常常用来指导设计师进行合理的布局，也可用于解决用户感知信息时出现的记忆问题，当遇到较多信息时，采用"7±2"原则，做出及时的处理。因此，在设计界面时，设计师可以对信息进行合理的分组和组织，通过有效的布局和排版，及时增删功能，以确保用户能够轻松记忆和处理信息。希克定律则提出了决策时间与选项数量之间的关系。设计师可以根据希克定律来优化界面的选择数量，以减少用户的决策负担，提高操作效率。

6.1.4 用户行为与决策

在交互设计中，深入了解用户的行为和决策过程对于产品设计和用户体验至关重要。本节旨在探讨用户在信息感知中所展现的行为和决策过程，包括信息搜索、筛选、决策制定等环节，以及这些过程如何直接影响用户对产品或服务的感知与评价。从理论层面来看，用户的行为和决策受到多种因素的影响，包括个人特征、情境因素以及产品或服务的特性等。因此，通过建立用户决策行为模型（图6-4），可以更好地理解用户从感知信息到实施行为的整个过程，以便于分析各个阶段影响决策行为的因素，从而更好地满足用户的需求和期望。

首先，个人特征是影响用户行为和决策的重要因素之一。不同的用户具有不同的特征和偏好，这会影响他们对产品或服务的态度和行为。例如，年龄、性别、教育水平、

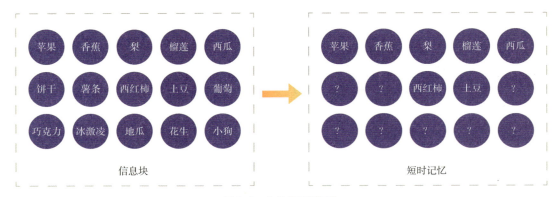

图6-3 人的短时记忆块

---

❶ G. A. Miller，陆冰章，陆丙甫. 神奇的数字7±2：人类信息加工能力的某些局限［J］. 心理学动态，1983（4）：53-65.

图6-4　用户决策行为模型

职业等个人特征都会对用户的行为和决策产生影响，设计师需要通过研究和分析用户信息，了解目标用户群体的特征和需求，从而有针对性地进行设计。

其次，情境因素也会影响用户的行为和决策。用户在不同的情境下可能会表现出不同的行为和偏好。例如，用户在紧急情况下可能会更倾向于选择简单和直观的操作方式，而在休闲情境下可能更愿意进行深度探索和互动。设计师需要考虑用户可能面临的不同情境，并有针对性地设计产品的交互方式和功能。

最后，产品或服务的特性也会影响用户的行为和决策。产品的界面设计、功能设置、信息呈现方式等都会对用户产生影响。例如，一个简洁明了的界面设计和直观的操作方式可以提升用户的使用体验，促使用户更愿意使用产品。另外，产品提供的信息是否准确、全面，以及是否具有说服力也会影响用户的决策过程。

6.1.5　不同类型信息产品的体验需求

用户在使用不同的信息产品时，往往有着明显的目的和体验需求，这导致了信息产品的多样化，所以可以根据应用市场的划分、结合信息产品功能属性分为内容消费型、平台工具型、游戏型三类，在这种分类下，每一类产品都有其功能特性与体验重点。

6.1.5.1　内容消费型信息产品

最具有代表性的内容消费型信息产品有电商类、视听类、自媒体类和阅读类产品。这类产品的用户主要通过浏览、观看、阅读等方式来获取信息，因此其体验重点是内容的呈现和消费。其中电商类和视听类产品主要是基于导航的消费，如支付宝、淘宝、爱奇艺、优酷等，它们的体验重点在于给用户提供良好的内容展示。在电商类产品中，用户更注重产品的展示、推荐和购物体验，因此界面设计、商品排版和支付流程的简便性成为关键。而在视听和阅读类产品中，用户更关心内容的质量、推荐算法的准确性，以及个性化的定制功能，因此体验设计更侧重提供清晰、多样且个性化的内容。例如，很多视频软件中支持用户进行主页内容的自定义管理，通过点击顶部内容频道标签右边的管理图标，可以呼出频道管理界面，按分类显示全部频道，每个频道图标长按可以进行编辑，拖动图标可以进行排序（图6-5）。

图6-5　内容消费型产品示例

而基于个性化推荐和以自媒体为主的产品，如网易云音乐、B站、抖音、斗鱼等则更注重对原创版权的保护和实时数据的统计。对于这类产品，无论是在PC端还是在移动端，用户对于首页的质量和内容要求极高，对硬件要求也不低，这需要很多专业人员来维护，因为这类产品首页的设计涉及色彩的

协调与统一、交互的一致性，以及音质、跳转路径的简洁性和图文是否匹配、合理。

以一款音乐APP为例，设有创作者中心，用户可选择成为网易音乐人、云音乐达人或LOOK主播。图6-6中第一个页面为设置页面，点击其中的创作者中心，出现图6-6的第二个页面，该页面显示了三种创作类型，选择"音乐人"，页面跳转至音乐人主页，平台提供音乐发布、收益管理、签约授权、Beat专区、AI工具等功能，让用户更好地进行歌曲发布以及了解收益情况，其中"数据中心"还提供了用户的单曲播放量、收藏数、评论数以及粉丝数量，点击更多数据还可以查看更多关于数据的趋势以及作品分析，用户可以更加直观地看到自己的作品数据情况。这样全面的数据分析与用户收益密切相关，也可让用户在下次发布作品前及时调整问题，增加收益。

图6-6　音乐APP界面示例

对于阅读类产品则主要从消费目的来分析，以日常消遣为目的的消费产品主要注重其内容的娱乐性和与用户互动以及能否产生共鸣。以学习和提升自我为目的的消费产品侧重能否提供专业知识和专业的书评，如豆瓣、微信读书等。以一款阅读APP

序 言

在时代的长河中，每个人都如同一叶扁舟，在传统与现代的洪流里奋力前行。《雁落黄昏时》正是这样一部描绘时代浪潮下小人物命运的小说。故事发生在宁静的江南水乡小镇，这里承载着数百年的传统与习俗，然而，时代的巨轮正缓缓驶来，打破了小镇原有的平静。书中的主角林羽，怀揣着对绘画艺术的热爱，在保守的小镇观念与家庭期望的双重压力下，艰难地追寻着自己的梦想。而苏瑶，一位勇敢的小镇教师，她与林羽并肩同行，不仅在爱情上给予支持，更在思想的碰撞中，共同挑战着小镇的陈旧观念。他们的故事，是梦想与现实的较量，是传统与现代的对话，更是无数年轻人在成长道路上的缩影。

翻开这本书，你将走进那个充满诗意与冲突的小镇，感受主角们的喜怒哀乐，见证他们在困境中如何坚守自我，突破束缚，向着光明的未来振翅高飞。

图6-7　阅读APP相关界面示例

（图6-7）为例，用户点开书籍开始阅读，读有所感时可记录笔记也可查看他人阅读此段的看法。

6.1.5.2　平台工具型信息产品

平台工具型产品，按其用途不同主要细分为以下四种产品类型，分别为系统类工具、理财类工具、效率工具、生活类工具。用户在使用这类产品时，更注重平台的稳定性、互动性和工具的实用性。在社交媒体中，用户关心界面的友好性、信息的推送算法，以及社交互动的便捷性。在办公软件中，用户追求界面的简洁性、协同编辑的高效性。这类产品的体验设计更强调功能的实用性和平台的整体性。用户在使用系统类工具时更侧重功能的实现和使用的高效等。理财类工具最重要也是最必要的体验是用户账户和平台的安全性，其次是收益结算的透明化和收益比例的合理性。效率工具从字面理解即可知效率是放在第一位的，需要产品高效、便捷、简单、易操作。生活类工具则强调产品功能不宜过多且有明确指向性，能给生活带来便捷。平台工具型产品往往形态比较单一，是用户在使用之后便会马上离开的。因此，它需要具有让用户更有效率、更能节约用户时间的功能，让用户快速获取所需，这要求产品有简洁明了的界面和操作方法，让用户获得快速又可靠的体验。如各种浏览器、有道词典、知乎、手电筒、日历等。以一款浏览器APP（图6-8）为例，与其他产品相比，它的页面更加简洁，且推送少、启动快，给出的答案具有较高准确性，极具功能性。再以iPhone的手电筒（图6-9）为例，iPhone的手电筒是一键触发，非常快捷，并且长按还可以对亮度进行调节。

图6-8　浏览器APP界面示例

图6-9　手电筒工具界面示例

6.1.5.3　游戏型信息产品

游戏型信息产品按风格可划分为以下四种，分别为益智类、竞技类、冒险类和角色扮演类。用户在使用游戏型信息产品时，体验重点在于游戏性、互动性以及社交性。游戏的画面设计、操作的流畅性、社交互动的创新性是用户关注的重点。在这类产品中，体验设计强调用户沉浸感的打造、社交功能的拓展以及游戏操作的易上手性。益智类游戏主要通过寓教于乐的方式传递知识，作为一种学习的辅助方式，更易让人获取知识、锻炼智力。如《寻巧记》游戏（图6-10）将中国传统工艺知识转化成趣味游戏，帮助用户了解优秀传统文化。

在竞技类游戏中，用户可通过自主控制游戏角色进行战斗，进而解锁游戏中的段位，因此，用户格外关注游戏的公平性和升级的难度系数以及动作的合理性和操作的便捷性。让用户获得沉浸式新奇体验是游戏设计的重点，因此开发者在设计游戏时需重点关注画面的真实性以及游戏的可探索性，要充分调动玩家的好奇心去解锁新世界，以及设置升级任务，激励玩家不断升级，设置升级任务和段位提升机制可以为玩家提供目标和动力，提升他们的游戏体验和参与度。在一些竞技类游戏中，用户通过不断的战斗提升自己的战斗水平，从而升级到不同的段位，这种设置使用户更加有动力去不断挑战自我，并体验游戏中的成长和进步。这样的设计不仅增加了游戏的吸引力，还提升了用户与游戏的互动性和黏性，促进了游戏的长期发展（图6-11）。

图6-10　学生作品《寻巧记》　王煜嘉

图6-11　游戏APP界面示例

在角色扮演类游戏中，用户注重体验模拟角色、变换装扮和角色的可塑性以及个性化，在最初进入游戏时，选角的个性化体验尤其重要，用户可通过"捏脸"来塑造自己理想化的人物角色扮演类游戏通过提供丰富的时尚元素、个性化的角色发展、精美的互

动画面以及社交互动等功能，不仅弥补了用户在现实生活中难以实现的梦想，还满足了玩家对美、成就和社交的需求。以《锦水谣》（图6-12）这款游戏为例，以蜀地文化为背景，用户将扮演不同角色，在各种场景和互动中破解谜题、探索蜀地，切身体验特色蜀地文化。

游戏型信息产品与其他信息产品相比，更侧重于约瑟夫派恩在《体验经济》中提出的娱乐和逃避体验，因此要求产品满足用户的情绪需求，获得前所未有的成就感和沉浸式的体验。其中，益智类和竞技类游戏偏向于小型游戏，冒险类和角色扮演类游戏则倾向于大型网络游戏。在一般情况下，小型游戏的成就感在移动端更容易体现，大型游戏

图6-12　学生作品《锦水谣》　时也涵

的沉浸式体验在PC端效果更好，但是随着科技的不断发展，移动端的内存得到提升，一些具有沉浸式体验的游戏也相继出现在移动端之中，最具代表性的便是《光遇》《王者荣耀》等网络游戏。

不同类型的信息产品具有各自的设计侧重点。内容消费型信息产品，注重内容的生动展示和个性化推荐，用户关注清晰的界面设计和个性化体验。平台工具型信息产品，着眼于实用性和平台整体性，用户期望简洁明了的操作和稳定的服务。而游戏型信息产品则侧重创造沉浸式的娱乐体验，重视用户情感交流和社会交往。这些产品在设计上通过精心平衡内容展示、实用性和娱乐性，以满足用户在不同场景下的独特需求，展现了各自领域的设计亮点。

综上所述，在信息产品设计中，理解用户在不同场景下的使用需求，精准把握其目

的和体验追求，是提高用户满意度和产品成功的关键。因此，信息产品的交互设计应当紧密结合用户特点，以信息感知为基础，为用户提供更符合其目标期望和行为习惯的全面体验。

6.2　目标导向下的过程体验设计方法

目标导向下的过程体验设计方法在信息产品开发中扮演着关键角色。将目标作为前提和方向，过程体验则成为实现这一目标的途径和方法。这一设计方法强调关注用户体验，将用户期望的目标与设计紧密结合，综合运用新技术和传统设计方法，架起用户研究和设计之间的桥梁，目标导向下的过程体验设计方法的核心是将用户的目标完全贯彻于整个产品设计的流程之中，将涉及的产品

景象优化，使它更加接近用户的心理既定模型，减少用户的认知困惑，以这一方法为基础的设计更有利于设计者和开发者、市场和管理人员的协作。因此将目标导向引入过程体验设计，是为了让用户在期望的目标下有更好的交互体验，结合心理学中关于"心流"理论的研究成果，可以让产品在这个纷繁的市场中焕发不同的光彩，让用户在使用具有"透明"属性的交互产品时达到"流"的体验。

6.2.1 流体验的概念与特征

著名的心理学家米哈里·契克森米哈赖（Mihaly Csikszentmihalyi）最早提出"流动状态"的概念，并将流体验（Flow Experience）作为一种术语来描述人们在日常活动中拥有的良好感觉或"最佳体验"。"心流"是一种本来令人愉悦的活动的一种深度吸收状态❶。在这种状态下的个人认为他们的表现令人感到愉悦且满足，即使没有达成进一步的目标，也认为这项活动有意义，在这种状态下，他们全神贯注于正在做的事，并沉浸其中，在这个过程中高度"忘我"，无意识地抵抗外界的干扰，并且对于时间的流逝也变得不敏感。在这个过程中人们能较大限度地发挥自身能力，常常爆发出惊人的创造力，并享受其中，最后收获高价值的交互成果，心理上感到高度的充实和满足。此外，契克森米哈赖还提出了流体验的九个特征：明确而清晰的目标；适时有价值的反馈；技能与任务挑战平衡；行动与意识的融合；注意力的高度集中；潜在的控制感；失去自我意识；时间感的变化；发自内心的参与感❷。在之后诺瓦克（Novak）等人将这九个特征归结成条件、体验、结果三类体验因素，后来又被分为事前、经验、效果三个体验阶段。其中被划入事前阶段的三个特征即"明确而清晰的目标""适时有价值的反馈""技能与任务挑战的平衡"是产生流体验的必要条件和重要前提，因此，如果想要使产品或设计为用户提供沉浸式的享受体验，可以将这三个特征纳入设计过程的考虑要素，调节可控变量，并将这三个特征作为评判标准，为基于心流理论的交互设计提供理论依据❸。

实现流体验的前提条件是目标明确，反馈及时，以确保挑战与能力之间的平衡，并使个体感受到自己的潜在控制感。在感受流体验的过程中，参与者能够融合行动与感知，使精力集中，沉浸其中，享受游戏带来的愉悦感。而流体验的结果条件表现为时间观念的失真，对周围事物视而不见，感觉时间如白驹过隙，形成一种深层、完全融入的状态。

❶ MIHALY CSIKSZENTMIHALYI. Flow: the Psychology of Optimal Experience [M]. New York: Harper & Row, 1990.
❷ 李江泳, 谭琪茜, 邱盼, 等. 基于心流理论的文创产品交互设计研究 [J]. 包装工程, 2020, 41（18）: 287-293.
❸ 欧细凡, 谭浩. 基于心流理论的互联网产品设计研究 [J]. 包装工程, 2016, 37（4）: 70-74.

6.2.2　流体验的必要性

流体验是一种将个人注意力和精神完全投入某活动上的感觉，这种感觉让用户产生极佳体验，这种体验往往能让人产生惊人的创造力，它以一种吻合的沉醉感让人对时间的流逝毫无察觉，对用户满意度和任务完成效率产生积极的影响。

首先，流体验可以使用户操作时感到顺畅、自然，减少了不必要的障碍，从而提高了用户对产品的参与度。用户更愿意与流畅、顺畅的体验互动，这有助于建立积极的用户态度。此外，流体验通过简化设计、提供直观的界面和操作流程，降低了用户的认知负担，使用户在操作过程中能够更轻松地理解系统的反馈，减少了学习和记忆的压力，使整个体验更加轻松愉悦。通过提供愉悦的体验，流体验还有助于树立积极的用户印象，提高用户对产品的满意度，获得体验愉悦的用户，更有可能成为长期忠诚的用户，从而促进品牌的口碑传播。流体验使用户能够更快速、高效地完成任务。减少了用户与系统之间的交互阻力。最后，在流体验下制定交互设计策略主要是激发用户的需求动机，再设置与之相匹配的等级任务，在内容、视觉和交互流畅性上都可以使用户达到较好的状态，让用户能够更专注于任务的实现，提高整体的任务完成效率。

6.2.3　流体验交互框架的实现方式

（1）用户导向的界面设计

要在交互中实现流体验，首先需要确保用户与数字产品的互动是直观、无缝且愉悦的。在这种设计中，简洁明了是关键原则之一。通过精简界面元素，设计者致力于创建一个清晰易懂的用户界面，使用户能够直观地理解系统的功能和操作流程。这包括去除不必要的元素，以减少视觉干扰，优化布局，确保关键元素易于寻找和操作。用户导向的界面设计注重一致性。通过保持界面元素的一致性，设计者确保用户在不同页面之间能够轻松过渡，不会感到困惑或失落。一致性的设计不仅包括相似的图标和按钮样式，还包括一致的交互逻辑和布局结构，从而在整个应用或网站中创造出一种统一的用户体验。

这样的设计方法致力于减轻用户的认知负担，使其能够更轻松地理解和操作系统。通过让用户界面符合他们的期望和习惯，用户导向的界面设计创造了一种自然而流畅的互动环境。用户可以更迅速地学习和掌握系统的使用方式，降低了用户在使用过程中的学习成本和认知难度，使用户在交互过程中获得流体验。

（2）合适的反馈机制

合适的反馈机制在创造流体验的过程中扮演着至关重要的角色，它旨在为用户提供明确、及时的信息反馈，使其在与系统互动的过程中进一步感知和掌控操作的结果。合适的反馈机制可以提高用户对系统的信任感，并增强他们的交互体验。例如，通过动画、声音或是简短的文本提示，系统可以及时告知用户其操作是否成功被接受。这种实时反馈不仅提供了用户期待的确认信息，而且有助于用户进入"心流"状态，使交互体验更加流畅而自然，用户可以更加自信地进行下一步操作，因为他们能够清晰地知道他们的行为已被系统察觉，整个交互过程会更加连贯。同时，通过巧妙应用过渡效果，系统也能够使界面变化更为平滑，避免突兀感，使用户感受到一种无缝隙的、流畅的交互体验，有助于维持用户的注意力和兴奋度，让用户在不同操作之间保持流畅的认知流程，产生愉悦感，从而获得流体验。

（3）交互的"透明"

为创造"流"这样一种感觉，软件的交互要保持"透明"。比如一个建筑与自然结合得很好的时候，如赖特（Wright）设计的流水别墅，它会让人觉得它本就是那样，是从自然中生长出来的，是与自然融为一体的。因此建筑师可以在人们观看或者使用建筑时，在不分散人们注意力的同时将建筑的美丽及其使用方式自然呈现出来。同样的道理，若想让一个产品与用户之间有很好的交流互动，就让交互本身的机制消失，让人们与他们的目标"见面"却意识不到这时已经有设计或是交互的介入，这必将是好的交互产品。好的设计是"隐形"的，用户在使用过程中感知不到产品设计的刻意引导步骤，自然而然地进行下一步操作。使交互设计具有"透明"属性会让用户更加下意识地进行操作，它与心流体验是相辅相成的。为了创造流体验，产品的工具交互就需要变得"透明"。

（4）任务分解与优化

任务分解与优化这一设计原则有助于降低用户的认知负担，通过将整体任务拆分为更小、更易处理的步骤，用户能够更轻松地理解和完成操作。任务分解有助于避免用户面对过多信息而感到的认知过载，使用户在互动中能够专注于每个步骤，提高整个操作过程的流畅性。用户不再需要一次性理解整个任务，而是可以逐步完成，这符合"心流"状态的产生，使用户体验更为流畅、舒适。任务分解与优化的关键在于优化每个分解出的任务。在流体验框架中，优化任务的设计可以通过简化步骤、提供清晰的指导、减少用户输入的次数等方式来实现。这种优化有助于用户更迅速地完成每个任务，减轻用户的认知负担，使用户感到操作的自然与顺畅。通过优化每个步骤，设计者可以确保用户在任务执行过程中不会遇到不必要的阻碍，从而提高整个任务链的流体性。通过合理分解任务和优化任务的执行，设计者可以创造一个更加友好的交互环境，让用户能够更轻松地理解系统的反馈，更迅速地完成目标，从而在整个互动过程中保持流畅体验。

6.3 交互设计体验原则

交互设计的原则是关于交互行为、形式和内容的普遍适用的法则，使设计产品更加支持目标用户的需求，给用户带来更好的体验。这些原则是对各学科设计实践和理论的总结与提炼，可以指导更多的实践，它贯穿设计始终，能帮助设计师将情境中发生的任务和需求转化为界面中的结构和形式。

6.3.1　交互设计理论学科发展

在现代设计思想的演进中，不得不提及到包豪斯，这是世界上第一所推行现代设计教育、有完整的设计教育宗旨和教学体系的学院，其目的是培养新型设计人才，主要提倡"少即是多"的设计理念，强调设计作品的简洁性实用性以及创新性。

在心理学理论研究的发展中，格式塔理论、菲茨定律、海曼定律等理论为信息交互设计研究提供了更多方向。人机交互学方面，有人机交互的鼻祖尼尔斯·约翰·尼尔森（Nils John Nilsson）以及泰勒斯（Thales）等，将交互的整个流程完善发展。哲学家威廉·奥卡姆（William Ockham）提出的奥卡姆剃刀原理（Occam's Razor，Ockham's Razor）指出交互简洁的必要性。

路易斯·沙利文（Louis Sullivan）提出形式追随功能（Form follows function），映射到交互设计当中，是图标设计中从材质光影等方面的拟物化到扁平化，将形式简化，做到以用户为中心，去除繁杂的形式内容。在设计中注意要尽量避免以前包豪斯被众人所责备的问题即漠视人的心理需求，在其他方面如用户的情感、功能需要中体现人性化设计。

马斯诺需求理论❶在交互设计中反映在首先如果受众为基本生理需求都没有满足的人，其判断力受教育程度和思维方式影响或多或少是较差的，从而影响对产品内涵的理解因此在开发产品时需要对市场人群进行划分。其次增强用户对软件的信任度，提升安全性能和用户隐私保护能力，基于安全感得到的满足后，用户才会开始进行社交操作。在这里用户需要在社交中得到积极正面的反馈回应，得到鼓励与赞美，在这个社区中形成自己的小圈，并可以发表言论观点和得到回应。最后通过社交行为形成的小社区会让用户在心理上得到满足，在物质上也有更多的机遇和选择，从而达到自我实现。

在格式塔理论❷中，阐明了主体（用户）是按什么样的形式把经验材料（产品页面）组织成有意义的整体。在格式塔心理学家看来，整体不是部分的简单总和或相加，整体不是由部分决定的，而整体的各个部分则是由这个整体的内部结构和性质所决定的，所以这就意味着人们在感知某个事物时总会按照一定的形式把这种事物看成有意义的整体。在交互设计中的结构和组织关系上体现的尤为明显。

人机交互学大师尼尔森提出尼尔森十大交互设计原则，是尼尔森在分析了两百多个可用性问题的基础上提炼出来的原则。他是毕业于哥本哈根的丹麦技术大学的人机交互博士，被纽约时报称为"Web 易用性大师"，被 *Internet Magazine* 期刊称为"易用之王"。这个原则是基于网页产品提出来的，虽然当今的产品应用场景和形态都发生了很大的改变，但是此法则依旧是当今交互设计

❶ Zalenski R J, Raspa R. Maslow's hierarchy of needs: a framework for achieving human potential in hospice［J］. Journal of Palliative Medicine, 2006, 9（5）: 1120-1127.

❷ 库尔特·考夫卡. 格式塔心理学原理（上）［M］. 黎炜, 译. 杭州: 浙江教育出版社, 1997.

发展众多法则中的鼻祖，许多法则都是此法则的变种和延展，关于此法则更多具体的如何作用于交互产品中的细节，将在后文中阐述。

这些理论相互交融，共同构建了现代设计的理论体系，为设计者提供了深刻的思考和指导。设计理论的发展历程不仅影响了设计的过程与方法，也深刻影响了设计师的价值观与目标选择。这一多元而丰富的理论体系为设计实践提供了启示，塑造了当今设计领域的多元化和创新性。

6.3.2 交互设计体验原则

在交互设计中，体验原则的应用是确保产品能够提供令人满意、高效且愉悦的用户体验，现有信息交互设计体验原则主要有可见性与反馈原则、整体性与组织性原则、动效引导与生动感原则、用户控制与任务导向设计原则、用户情境的分析与环境贴切原则、撤销重做原则、人性化帮助原则、易取性与容错原则。

（1）可见性与反馈原则

在交互设计中，可见性与反馈原则的构建逻辑深深嵌入用户行为的理解和引导。这一原则通过清晰可见的界面元素，如图标和按钮，直观地传达功能和状态，与用户的自然行为相契合。以电子商务应用为例，当用户浏览商品并选择添加到购物车时，系统以即时的数字更新和成功提示反馈用户的操作，这对用户的购物决策行为形成了积极强化，使用户更加有信心继续交互。抖音等短视频软件，在观看时双击屏幕会出现两个红心，代表你喜欢这个视频并给予点赞；使用淘宝时关注某家店铺时会提醒你关注成功，可以在微淘看它的动态。这些可见性的设计可以让用户快速了解自己当前所处的状态。

实时反馈机制在用户行为中扮演着引导和增强的角色。通过状态提示和过渡动画等手段，系统响应用户每一步的操作，形成一种与用户无缝互动的体验模式。这与用户在实际世界中的行为模式相符，用户期望在与系统交互时能够获得即时的确认和反馈，从而更好地理解自己的行为和系统的响应。

同时，这个原则也极大地减轻了用户的认知负担。避免使用模糊或歧义的符号，设计界面元素的选择和布局，使用户能够准确理解其功能，减轻用户在学习和使用过程中的认知负担。用户对界面元素的清晰理解直接影响到其交互的主动性和有效性，因此可见性与反馈原则在这一点上通过减少不确定性，引导用户形成正确的认知模型。

综合而言，可见性与反馈原则的构建逻辑紧密贴合用户的自然行为和期望，通过对用户行为的深入理解，创造出能够提高用户感知和控制的设计，使用户在与系统互动时更加流畅和愉悦。

（2）整体性与组织性原则

整体性与组织性原则在交互设计中扮演着关键角色，旨在建立用户友好、清晰易懂的系统结构。通过运用格式塔理论，设计者注重每个界面元素的角色明确和整体性，确保整体性不仅仅是简单的部分总和，而是由每个元素的贡献和关系所决定，这有助于用户在系统中形成直观的认知，使其更容易理解系统的整体架构。其中深入理解用户行为模式是构建整体性的基石，例如，电子商务网站通过分析用户在浏览、购物车操作等方面的行为，形成系统整体结构，使用户能够自然而然地预测界面元素的位置和功能。社交媒体应用的整体性则在于将每个界面元素赋予特定的功能，如主页负责展示动态，个人资料页负责呈现用户信息，通过合理安排这些元素，提升了整体结构的可理解性。总的来说，构建具备整体性与组织性的交互系统，能够提升用户体验和系统可用性，让整个交互流程具有合理的逻辑，符合用户的认知期望。

（3）动效引导与生动感原则

动效引导与生动感原则在交互设计中扮演着关键角色，旨在通过精准的动效引导和生动感的创造，提升用户体验的引导性和吸引力。菲茨定律的观点强调了用户体验的愉悦感与任务完成时间之间的关系，而动效引导与生动感的有效运用正是为了在这一平衡中寻找最佳点。通过巧妙的动效引导，设计者可以使用户更快速而准确地完成任务，同时在界面元素的生动设计中增加趣味性（图6-13），使用户感受到更为愉悦的交互体验。以社交媒体应用为例，动效引导与生动感原则的融合应用能够显著提升用户的互动体验。在用户发表帖子时，通过引入微交互动画，如发布按钮的颜色渐变和微小的弹跳效果，不仅引导了用户成功完成操作，还增加了操作的愉悦感。这符合菲茨定律中关于愉悦感与任务完成的关系，通过微妙的动效引导，用户能够更快乐地完成发帖任务。同时，在用户界面设计中，生动感的创造也至关重要。例如，在用户滑动新鲜内容时，引入卡片式动画和颜色渐变，使用户感受到内容的生动性并产生新奇感。这种设计方式既符合用户的期待，也增强了用户对应用的兴趣，促使他们更频繁地浏览和参与互动。一些配送软件采用趣味进度动画（图6-14），实时展示配送员的状态，遇到节日后备箱中的动画还会同步成与节日相关的元素，如妇女节会显示花束。这些微动效都能为用户带来参与感，具有强烈的互动性。这一原则的构成逻辑包括动效引导的明确目标和富有创意的生动感元素，通过精细的设计，在用户使用产品的过程中创造出更具引导性和生动感的交互环境，从而更好地满足用户的认知期望和愉悦需求。

（4）用户控制与任务导向设计原则

用户控制与任务导向设计原则的实施与希克定律（Hick's law）息息相关，因为用户完成任务的能力与完成任务所需的步骤数

图6-13　点赞动效引导案例

图6-14　学生作品《逸村》进度动画　王雨晨

量直接相关。希克定律强调了用户记忆的有限性，即用户在学习和记忆过程中的局限性。在用户控制与任务导向设计中，考虑到用户的记忆限制，设计者可以通过提供清晰、简单且直观的用户控制界面和任务导向设计，减少用户需要记忆和操作的步骤，使其更容易学习和掌握系统操作。在社交媒体应用中，用户控制的设计可以通过提供简单的设置选项、易于找到的退出按钮等方式实现。与此同时，任务导向设计则侧重于以最小的步骤引导用户完成目标，如在发布动态时提供清晰的"发布"按钮。这样的设计有助于避免用户过度依赖记忆，提高用户的学习效率和操作顺利度。

通过结合希克定律，用户在使用产品时能够更容易掌握控制，减轻记忆负担，提高用户体验的效果。这种设计原则符合希克定律的核心理念，即减少用户在使用过程中的认知负担，使其更轻松地完成任务，达到更高的用户满意度。

（5）用户情境的分析与环境贴切原则

通过深入研究目标用户群体的特征、行为模式和需求，设计者能够建立起全面的用户画像，从而更好地理解用户的心理模型和操作习惯。在这个过程中，不仅要考虑用户的基本信息，还需关注其行为、偏好和习惯等多维度因素。同时，通过描绘用户在实际使用产品的情境，包括时间、地点、设备等方面的因素，设计者能够更好地了解用户在不同场景下的需求和期望。还要注意使用用户看得懂的语言和情感化幽默化的表达，软件系统使用的语言应该贴近用户的生活，让

用户既可以清晰地了解使用的原则，又觉得像是在与朋友进行对话一样，感到轻松。

以一个移动支付应用的设计为例（图6-15），设计团队通过深入分析用户群体发现，该应用的目标用户主要是年轻的城市白领，对于支付速度和操作简便性有着较高的期望。在使用场景描绘中，设计者考虑到用户在购物、用餐、交通等不同情境下可能使用支付功能。因此，在设计中强调了快捷支付和出示付款码、乘车码等特性，以确保在各种情境下用户都能轻松完成支付操作。

通过这种全面的用户情境分析，设计者可以更好地了解用户需求，确保设计的交互体验在实际使用中更为贴切和符合用户期望。这不仅有助于提高产品的可用性，还能增强用户的满意度，使设计更贴近用户的真实需求和使用场景。

（6）撤销重做原则

撤销重做原则旨在赋予用户对其操作的灵活性和掌控力。通过系统追踪用户的操作

图6-15 支付软件快捷操作

历史，提供明确的撤销和重做选项，并实时反馈用户操作结果，设计者要能够确保用户在使用应用程序或系统时拥有更高的自主权。举例而言，考虑一个图形设计应用，用户在编辑图形时进行多次变更，通过撤销重做原则，用户可以轻松地回溯到之前的编辑状态或重复之前的操作，为用户提供更为可控和安全的交互体验。还有一些关注于用户心理需求的方面，考虑到实际应用中用户可能会有误触的情况发生，为避免这种尴尬的情况，就会出现所谓的"后悔药"设计，如微信拍一拍有撤销的功能，在拍一拍的行为之后会自动弹出一个可供撤销的功能气泡，更方便用户进行撤回（图6-16），再如QQ的闪图功能，使用该功能图片接收者有5秒看图片时间，看完后图片将自动销毁，这样可以很大程度上满足用户的心理需求。这些设计的关键是清晰的操作历史记录和直观的界面元素，它们能够在用户需要时迅速执行

图6-16　社交软件撤回功能示例

撤销或重做操作（图6-16），从而增强用户的信心和满意度。通过关注用户的操作感知和提供强大的反馈机制，撤销重做原则体现了对用户掌控力的关注，为设计引入更多的灵活性和安全性提供了思路。

（7）人性化帮助原则

人性化帮助原则是交互设计中关注用户支持和帮助体验的重要原则之一。它强调通过巧妙设计的支持系统，主动满足用户在产品使用过程中的信息需求和问题解决要求。在软件设计中，这一原则的体现不仅在于提供帮助入口，更在于如何以简单、直观的方式传达有价值的信息，主动为用户提供帮助，可以设置有"帮助"选项或按钮，或在开启一款新的APP时提供的新手引导（图6-17）。但是"帮助"选项或按钮应设置的简单明了，内容包含用户常见问题并提供文字信息较少的、能明显表达操作的步骤。例如，WPS在首页右上角的"帮助与反馈"入口的设计就充分体现了人性化。用户可以方便地访问热门问题和分类问题，而每个问题都有清晰的图文解决方案，让用户在浏览时能够快速理解，即便是初次使用软件的用户也能轻松上手操作。

为了更好地满足用户的特定需求，这一原则还通过用户反馈渠道建立了双向沟通。用户可以向软件团队提供反馈，分享使用体验和需求，而软件团队则能及时了解用户的真实感受，有针对性地改进和优化产品。这种双向互动不仅提高了用户满意度，也使软件能够持续适应用户的需求变化。

综合而言，通过人性化帮助原则精心设

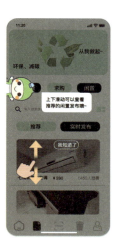

图6-17　学生作品《收拉》　周凤

计的支持系统，让用户感受到贴心关怀，为用户提供简洁明了的解决方案，并鼓励用户参与产品的持续改进。这一原则不仅关注于解决当下的问题，更注重建立起与用户之间的积极互动，共同创造更加智能、友好的使用体验。

（8）易取性与容错原则

易取性与容错原则是交互设计中的基本原则，其目的是提供用户友好的体验，减少因用户错误操作而导致的负面影响。这一原则强调用户能够轻松地撤销操作、纠正错误，并且系统应该对用户的错误操作给予宽容和理解。

易取性关注用户对系统的学习难易程度。一个易于学习的系统应该使用户能够快速上手，熟悉基本操作，而不需要过多的培训或学习成本。在软件界面设计中，提供直观的导航、明确的标识和简单的操作流程都是增强易取性的手段。

例如，当更新了一个APP时，会有部分功能图标的搬迁和移动，软件会给出一个引导，来告诉用户有新功能或功能的搬迁，便于用户对信息的提取，但是由于文字叙述较为烦琐，一般会采用遮罩的方式突出功能位置，也可在一个易识别的图标中调出引导，减轻用户的记忆负担。

容错性则关注用户在使用过程中可能产生的错误。设计师应设想并考虑到用户可能犯的错误，提供即时的反馈和可行的纠正方案。通过智能的错误提示、即时验证和可逆的操作，系统能够在用户操作产生错误的同时保持用户体验的连贯性。以在线购物为例，当用户填写地址时，系统即时提供纠正建议，避免因填写错误而导致配送出现问题，提高了用户在整个购物过程中体验的连贯性。

在整合易取性与容错性时，设计师要综合考虑用户的学习曲线和使用过程中的潜在错误。通过提供友好、直观并具备弹性的设计，更好地满足用户的需求，从而建立起用户对产品的信任感，促使用户更加愿意深度参与与探索产品。这样的设计理念不仅提升了产品的竞争力，也构建了积极的用户体验生态。

6.3.3　交互用户行为与交互形式

交互设计中的用户行为特指在交互系统中用户与产品之间的行为，主要包括两个方面，一是用户在使用产品过程中的一系列行为，如信息输入、检索、选择和操控等；二是产品反馈，如语音、图像和位置跟踪对用户操作的反馈行为以及产品对环境的感知行为等。交互设计中的用户行为与一般行为相比，交互行为的主体和客体是可以相互变换的，用户的行为可以是主动的，也可能是被动的，但用户与产品之间的相互行为必须以协调为基础。

交互过程中用户的行为可以被分为三大阶段，从目标的确立到执行和评估。其中，执行阶段又可细分为三个步骤，即用户实现目标的意图、具体动作的顺序以及动作的执行，这三个步骤共同构成了用户行为中执行这一阶段。评估阶段也可分为三个步骤，即从用户感知外部世界的变化，到解释这一变化，到最后将外部变化和自己所需达到的目标进行比较。

大卫·贝尼昂（David Benyon）认为，设计师应该考虑不同的行为特征，关注行为的目的，进而设计更合适的交互形式，不同的行为有不同的目的，也需要设计不同的交互形式，所以下面将对用户的交互行为特征进行归纳：

（1）行为频度

行为频度是指在一定时间内行为发生的次数，分为经常性行为和偶然性行为，如使用手机产品时，解锁、发送消息、输入文字等行为出现的次数较多，就叫作经常性行为，而如手机设置密码、设置聊天背景图、调节屏幕字号大小等行为，因出现的次数较少，就叫作偶然性行为。所以对于同一个产品来说，很少能做到通过设计将所有的操作都变得简单易用，所以在交互形式的设计上要有所侧重，保证经常性行为的易用，如果将所有的操作都设计为易用的，就相当于都不易用了。

（2）行为的可中断

用户行为是一个持续的过程，但不能排除有时正在进行中的行为活动被意外情况打断。在设计中就需要考虑到这些情况，以保证交互行为既可以被中断，也可以保持返回后的连贯性，在手机接听电话界面中，可以考虑到这一点，提供不同的行为方案供用户选择，如"保留并接听"的选项（图6-18），就可以让用户在行为被中断后接着继续

图6-18　接听电话界面示例

完成这个行为。

（3）行为的响应

在交互设计中，行为的响应是系统对用户行为的实时反馈和状态指示的关键组成部分。有效的行为响应能够确保用户迅速了解其操作的结果，感知系统的当前状态，并及时纠正任何错误。实时反馈通过界面元素的颜色变化、按钮的动画效果等方式传达信息，而状态指示通过加载指示器、状态栏信息等形式清晰地展示系统当前的执行情况。错误处理则以友好的错误提示和引导用户纠正错误的方式提供帮助。过渡动画、声音提示以及触觉反馈等多种反馈方式的综合运用，能够优化用户感知体验。同时，出于对个性化反馈和用户参与度的考虑，系统的行为响应更贴近用户的需求和期望。这种全面而巧妙的行为响应设计有助于建立积极的用户体验，提高用户对系统操作的信心和满意度。

（4）行为的可理解

易于用户理解的行为设计，有利于用户对行为的执行和任务的完成。因此在交互形式的设计上必须使用户能够明确行为的意图和目标，这包括清晰的界面元素、直观的导航结构以及明确的反馈机制，以确保用户能够轻松理解系统的响应和当前状态。透过简单而直观的设计，用户能够准确地把握行为的目的，降低出错的可能性，提高操作效率。在用户执行任务的过程中，理解行为的可见性和透明性有助于用户建立对系统的信任感，从而提升整体的用户体验质量。通过考虑用户的认知能力和期望，设计者可以创

造出更易于用户理解的交互体验设计，进而促进用户对系统功能的更全面理解和更高水平的使用。

（5）行为的安全

某些行为具有"严格的安全性"要求，任何错误将会产生严重的后果，对这些涉及安全性的行为，设计师需要进行安全防范设计，以保证即使发生错误操作，也不会产生严重的后果。安全性设计需要综合考虑用户的行为习惯、潜在的风险因素以及系统本身的防护机制。这可能涉及强制性的认证程序、双重确认机制或者智能化的安全提醒。通过在设计中嵌入严密的安全措施，设计者能够最大限度地降低用户误操作的风险，确保在复杂环境下仍能保持行为的安全性，从而保护用户免受潜在的危险和损失。在设计中重视行为的安全性，不仅是对用户的负责，更是对整个系统安全性的有效把控，为用户提供安全可靠的交互环境。

6.3.4 尼尔森十大交互设计原则

交互设计的核心在于用户体验，而尼尔森十大交互设计原则被广泛认为是指导设计师创建优质用户体验的关键指南。这些原则是由人机交互专家雅各布·尼尔森（Jacob Nielsen）提出的，旨在帮助设计师创造直观、易用和令人满意的产品和服务。以下是尼尔森十大交互设计原则的简要概述。

（1）状态可见原则

状态可见性原则是指在交互设计中确保系统的状态对用户可见。这意味着用户可以清楚地了解当前系统或界面的状态，以便更

好地理解系统的功能和操作。这一原则的目的在于帮助用户准确地理解系统的运行情况，避免产生混淆和误解，从而提高用户的信任感和满意度，一般的设计方法是在合适的时间给用户适当的反馈，防止用户使用出现错误。例如，一些软件的下拉刷新功能（图6-19），当用户下拉页面时，页面内容区上方会出现"下拉刷新/松开刷新"的提示，当用户松开页面中间会出现"正在刷新"的动态提示，这样用户可以实时感知自己当前所处的状态，以及了解下一步即将发生的状态。同样目前各种软件的收藏功能也运用了这样的原则（图6-20），当用户收藏成功时可以点亮收藏的按钮，同时页面会出现一个"收藏成功"的提示控件，并且提示控件右部为之后需要前往的页面进行方向性的指引，操作之后的提示也是状态可见原则的一种，当用户取消收藏之后，页面中间会出现一个"已取消收藏"的提示，停留3秒之后消失。这些案例表明，状态可见性原则在各种不同的应用场景中都具有重要意义。通过确保系统的状态对用户可见，设计师可

以提升用户对系统操作的掌控感和信任感，从而改善用户体验。

（2）环境贴切原则

环境贴切原则是指在交互设计中考虑用户所处的环境和情境，使用用户熟悉的语言、文字、语句，或者其他用户熟悉的概念，而非系统语言。以确保设计的产品或服务与用户的现实环境相适应，并提供相应的功能和体验，让信息更自然，逻辑上也更容易被用户理解。这一原则的目的是使用户在不同的环境中都能够方便地使用产品或服务，提高用户的满意度和操作效率。一个典型的案例是智能手机的自动亮度调节功能。智能手机配备了环境光传感器，可以感知用户所处的环境光线强度，并根据光线强度自动调节屏幕的亮度。例如，当用户在室外阳光强烈的环境下使用手机时，系统会自动增加屏幕亮度，以保证用户能够清晰地看到屏幕内容；而当用户在低光环境下使用手机时，系统会自动降低屏幕亮度，以减少眼睛的疲劳并节省电池电量。这种智能的环境感知和自适应功能能够极大地提升用户在不同

图6-19　首页刷新功能示例

图6-20　收藏功能示例

环境下的使用体验感。像一些音乐软件的播放界面（图6-21）也采用了环境贴切原则，将播放界面设计为黑胶唱片的样式，同时跟随音乐的播放进行旋转，控制播放暂停的针杆也如同现实的黑胶唱片（图6-22）一样。还有一些拟物风格图标的设计与现实的物体相似（图6-23），这样的设计即使没有文字语言，也能使用户一目了然其功能，让用户产生熟悉感，降低用户的认知难度和学习成本，提升用户的交互体验。

（3）用户可控原则

产品应该给予用户足够的控制权，使其能够根据个人喜好和需求来自主操作和调整产品或服务的功能和设置。这一原则的核心是尊重用户的权利和偏好，让用户感到在使用过程中拥有主动权，从而提升其满意度和参与度。例如，提供撤销和重做功能，让用户在操作失误时能够轻松地进行修正，同时可以提供退出或取消操作的选项，让用户随时可以回到之前的状态，在操作不可逆前告知操作后果（图6-24）。还有各种软件系统中的个性化设置，用户可以自由选择背景、主题颜色、图标布局等，从而根据操作习惯个性化定制自己的移动设备。一个典型的案例是音乐播放器的用户控制功能。在音乐播

图6-21　音乐播放界面示例

图6-22　黑胶唱片

图6-23　拟物风格图标　李艳

图6-24　不可逆操作提醒

放器中，用户可以随时选择播放、暂停、停止、跳转歌曲、调整音量等操作，从而完全掌控自己的音乐体验。此外，音乐播放器还提供了个性化的设置选项，如播放模式（随机播放、单曲循环、列表循环等）、音效调节（均衡器、音场效果等）、播放列表编辑等功能，使用户可以根据自己的喜好和需求对音乐播放器进行个性化定制，从而获得更加满意的使用体验。

（4）一致性原则

在设计产品功能时，应保持一致性和标准化，即相似功能在不同部分的表现形式应一致，这有助于用户更快速地学会如何使用产品，并减轻用户的认知负担。对于用户来说，同样的文字、状态、按钮，都应该触发相同的事情，遵从通用的平台惯例。操作系统中的各个功能模块和应用程序通常都遵循统一的设计风格和操作逻辑，如相似的图标、菜单结构、快捷键设置等，使用户能够轻松地在不同应用程序之间切换和操作，不需要重新学习每个应用程序的使用方法。例如，Windows操作系统中的"开始"菜单、控制面板、文件资源管理器等界面元素在不同版本和不同应用程序中应保持一致，让用户可以快速找到所需功能并进行操作；各类社交APP（图6-25）的聊天信息界面多是列表式结构，点击进入下一级界面时，子级界面将从右向左滑入，点击顶部左上角的返回按钮后，子级界面又会从左向右滑出，体验相当一致。苹果iOS操作系统不论是在iPhone、iPad还是Mac设备上，也以其一致的设计风格和操作逻辑，为用户提供了统一

图6-25　社交APP消息列表

流畅的体验。这种一致性不仅增强了用户的信任感，还提高了产品的竞争力，使得用户更愿意长期使用和推荐产品。

（5）防错原则

防错原则是指在交互设计中采取措施，防止用户产生错误操作或者在出现错误时提供帮助和进行纠正。该原则旨在减少用户因误操作而导致的不良体验，提升用户对产品或服务的信任感和满意度。一个典型的案例是密码输入框的设计。在许多应用程序和网站中，用户需要输入密码进行登录或者进行重要操作。为了防止用户因误操作而输错密码，设计师通常会采取一些措施，如提供密码可见性选项、密码格式要求的提示、错误密码次数限制、验证码等，以帮助用户正确输入密码并避免账户被盗或信息泄露。还有微信发布朋友圈动态时，点击返回按钮时会出现提示弹窗：使用弹出框方式会减少不可逆操作的出现，当用户在编辑一条动态的过程中，因为误操作或者其他原因需退出当前

状态的时候，使用弹窗提示是个不错的选择，因为这个操作给予用户再次思考的机会，防止内容误删，对用户造成较大损失，这就是防错原则的一种体现。提示弹窗是一种阻断性较强的提醒（图6-26），同时有一种轻量的设计方式，是在这个错误发生之前就避免它。可以帮助用户排除一些容易出错的情况，例如，当用户登录时（图6-27），

在没有填写完手机号码和密码前，底部的登录按钮是置灰不可点击的，只有两项都填写完整底部的登录按钮才会变为可点击状态，这就是为了防止用户操作失误，即防错原则的一种体现。

（6）易取原则

易取原则是指在交互设计中，使用户能够轻松地获取所需信息或完成所需操作的设计原则。该原则旨在减轻用户的认知负担，提高用户的操作效率和满意度，从而增强用户对产品或服务的使用体验。可以通过把组件、按钮及选项可见化，来降低用户的记忆负荷。在用户使用产品的过程中，难免会产生一些需要记忆的内容或操作途径，这时候要避免用户进行记忆，产品可以将信息直接提取出来，送到用户的手上。例如，预判用户将要进行的操作行为，给出便捷的操作路径，像用户在截图之后立即打开软件聊天列表时（图6-28），主动弹出用户可能想要发送的截图，这样大大减轻了用户的记忆负

图6-26　防错提示

图6-27　登录界面

图6-28　聊天窗口发送截图提示

荷，简化了整个操作流程，使用户的目标行为更容易达到。还有在网站或应用程序中，导航栏通常位于页面的顶部或侧边，用于提供用户浏览和访问不同页面或功能的入口。通过清晰明了的导航栏设计，用户可以快速定位到所需的页面或功能，从而实现对信息的轻松获取。导航栏的标签名称应简洁明了，与用户的期望和习惯相符，同时布局应合理，保持一致性和可预测性，以便用户轻松找到目标。

（7）灵活高效原则

在信息交互设计中，满足大部分用户需求的同时，需要兼容少部分特殊用户保持灵活高效原则。例如，快捷操作功能。在许多应用程序中，为了提高用户的操作效率，设计师会提供一些快捷操作功能，如快捷键、手势操作、语音控制等。通过这些快捷操作方式，用户可以更快地完成常见任务，提高操作的高效性。还有手机界面的编辑应用功能，可以根据用户自身的喜好自定义，包括常用应用分组、排序、删除、命名等。例如，一些软件的首页（图6-29）是可以根据用户自身喜好定义的，包括定义输入框的位置，还有QQ界面会出现最近用的表情作为快捷回复，搜狗输入法会优先显示用户常打的关键词等，这都是灵活高效原则的一种体现。

（8）优美且简约原则

优美且简约原则在交互设计中是指设计师应该通过简洁清晰的界面和流畅的操作流程，为用户提供愉悦的使用体验。这一原则强调在设计中去除冗余和复杂的内容，使产品或服务的界面和功能保持简洁明了，同时注重视觉美感，以吸引用户的注意力并提升产品的整体品质感（图6-30）。这一原则可以通过建立清晰的视觉层级，突出重要内容，提高用户操作与信息获取效率，各模块之间采用卡片或者间距分开，加强页面的层级区分，同时应避免界面呈现过多元素，降低用户的视觉干扰，保留产品最主要的信息，还可采用大面积的留白增加页面呼吸感，便于用户更好地聚焦内容。

图6-29　自定义首页

图6-30　极简界面

（9）容错原则

容错原则是指在交互设计中，为了提升用户体验和减少用户错误操作所带来的负面影响，而设计的容错机制，使系统能够有效地处理用户的错误输入或操作，并给予用户及时的反馈和帮助，以减少用户的困惑和沮丧感。出现错误时产品应该使用简洁的文字（而不是代码）为用户指出错误是什么，并给出解决建议。如果无法使用户从错误中恢复，也要尽量为用户提供帮助让用户的损失降到最低。例如，表单填写（图6-31），当用户输入正确的时候，输入框下方会有绿色的对勾圆圈，提示用户输入正确，可以进入下一步操作了，而当用户输入错误的时候，输入框会变为红色并且在输入框下方出现红色字的错误提示，这样让用户很清楚的知道用户输入

错误以及错误的原因，及时的报错也是容错原则的一种体现。

（10）人性化帮助原则

人性化帮助原则是指在交互设计中，为用户提供友好、易理解的帮助功能，以解决用户在使用过程中遇到的问题，提高用户的满意度和体验质量。这个原则强调了设计师应该关注用户的需求和困难，并通过人性化的方式提供帮助和支持，使用户能够轻松地解决问题或获取所需信息。帮助性提示最好的方式是无须提示、一次性提示、常驻提示及帮助文档。在Windows系统中，用户可能会遇到各种问题，如无法连接到网络、无法打印文件等。为了帮助用户解决这些问题，Windows系统提供了丰富的帮助和支持功能。用户可以通过"帮助和支持"中心来查找相关的问题解决方案和操作指南，也可以通过系统内置的故障排除工具来诊断和修复问题。此外，Windows系统还提供了智能搜索功能，用户可以直接在系统中输入问题描述或关键词，系统会自动搜索相关的帮助文档和解决方案，为用户提供个性化的帮助和支持。一些常用软件都会有一个"帮助"的功能页面（图6-32），这也体现了帮助功能的必要性，在用户遇到问题或者想要学习

图6-31 表单填写页面

图6-32 软件帮助界面

使用软件的时候用来自助解决用户操作过程中遇到的问题。

6.4   本章小结

本章深入探讨了"信息交互中的设计导则",并着重分析了如何通过细腻的交互设计满足用户的信息处理和感知需求,以提升用户体验和界面的人性化程度。通过对信息感知导向交互设计的综合讨论、目标导向的过程体验设计的深入分析,以及对交互设计体验原则的精确梳理,本章旨在为设计师提供一套全面而实用的设计导则,从而在实际设计工作中更好地应对用户需求和行为特征。

在"信息感知导向的交互设计"这小节中,通过探索信息感知导向的交互设计的多个维度的表述,包括信息感知的基础、用户体验优化的需求、认知心理学的基础理论、用户行为与决策机制,以及不同类型信息产品的体验需求,本节不仅搭建了一个理论框架,也为设计师在实际操作中提供了具体的参考点。此部分强调了深入理解用户的感知和认知过程对于创造有意义和有效的交互设计的重要性。

在"目标导向下的过程体验的设计"这一节则转向探讨了目标导向下的过程体验设计,通过引入流体验的概念、探讨其特征与必要性,以及讨论实现流体验的交互框架,本节深化了对交互设计中流体验的理解。这一部分明确了在设计过程中,如何通过细腻的用户体验设计引导和维持用户的流体验状态,以增强用户的参与度和满意度,从而促进产品的成功。

最后一小节综合回顾和分析了交互设计体验原则的发展和应用,尤其是通过对尼尔森十大交互设计原则的深入讨论,展示了这些原则在实际设计中的运用及其对优化用户交互行为和交互形式的贡献。本节不仅为设计师提供了一套有效的设计思维和原则,也强调了在设计实践中应用这些原则以满足用户需求的重要性。

通过本章的论述,强调了信息交互设计中的设计导则对于提升用户体验、增强界面的人性化程度及促进产品成功的关键作用。这些导则基于对用户行为、认知心理学的深刻理解和交互设计实践的精细分析,提供了一套全面而具体的指导方针,旨在指导设计师在信息交互设计中采取更加有效、符合用户需求和心理特征的设计策略。最终,这些导则不仅促进了设计的科学性和艺术性的结合,也为创造出更加人性化、易用和引人入胜的交互体验铺平了道路。

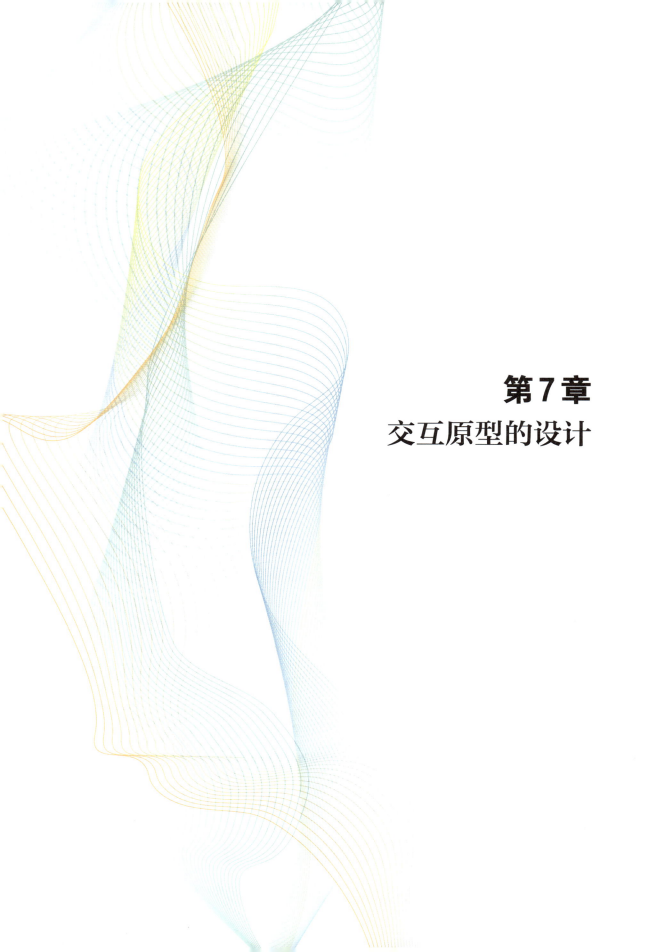

第7章
交互原型的设计

7.1   交互原型概述

交互原型是一种设计方法，通过使用原型设计软件创建的动态可交互的原型，用于展示产品的功能和交互流程。它不仅提供了一个模拟真实使用场景的平台，让团队能够预见产品的实际应用效果，更在数字化时代中发挥着精准模拟用户与界面交互行为的关键作用。通过原型设计软件，它能够精准地模拟用户与界面之间的交互行为，团队能够获取宝贵的用户体验反馈，为产品优化提供有力支持。

交互原型设计作为产品设计流程中的关键环节，能够依据产品团队的具体需求灵活调整模拟范围。无论是构建完整的 APP 模拟，全面展示产品功能和流程，还是专注于单个交互行为的测试，验证特定功能的可行性，原型都能精准地模拟最终产品的运作方式。这不仅让团队在产品开发初期就能对效果有清晰预见，还确保了设计的准确性和实

用性。原型的核心功能在于沟通，它作为产品设想的可视化呈现，为团队成员提供了一个直观理解设计理念的平台。同时，原型图还清晰地展现了用户与产品间的交互方式，帮助工程师和设计师明确用户在每个页面上的期望内容及其优先级。这种可视化表达让团队能更精准地把握用户需求，设计出更贴合用户习惯的产品。

交互原型根据保真度的区别，一般分为低保真原型和高保真原型。低保真原型是一种设计精确程度较低的原型，主要用来快速验证设计思路和功能布局，帮助团队在产品设计的早期阶段发现潜在问题和解决方案，具有创建成本低、简单快速、易于调整、方便概念评估等优点。低保真原型有时也被称为线框图，主要用于确定功能流程和界面布局，这个阶段不需要考虑界面配色、交互细节和动画效果。低保真原型可以用纸笔创建纸质原型（图7-1），也可以使用软件工具创建数字原型（图7-2），如 Balsamiq、

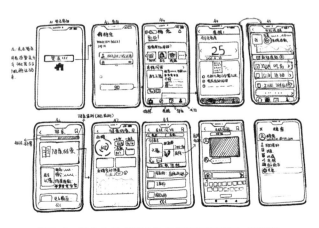

图7-1   学生作品《糖愈》低保真纸质原型   李佳敏

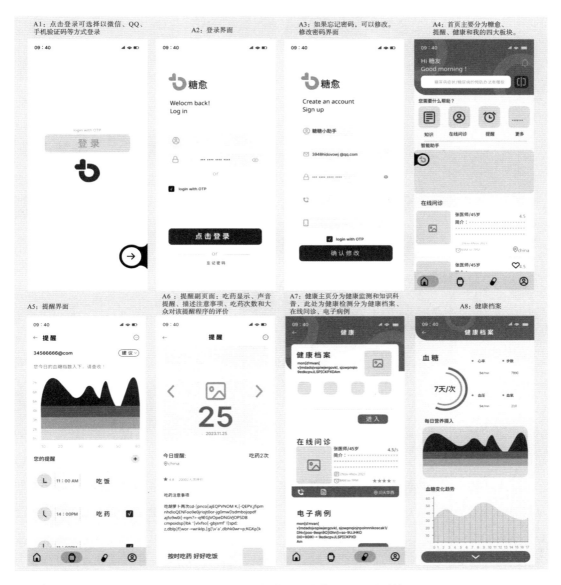

图7-2 学生作品《糖愈》低保真数字原型 李佳敏

Sketch、Figma等原型制作工具，也有可以将纸质原型快速创建为动态原型的工具，如POP（Prototyping on Paper）。

高保真原型是一种设计精确程度较高的原型，主要用来详细展示产品的功能和交互细节（图7-3），当团队明确基本方向后，通过高保真原型可以更真实的模拟用户和产品的交互体验，反映产品的最终状态。高保真原型在界面布局和交互效果上与实际产品几乎等效，为用户提供了接近真实产品的体验。为了制作出这样的高保真原型，交互设计师不仅需要具备出色的视觉审美能力，对界面元素有敏锐的洞察力，还需掌握控件和组件的概念，确保界面的规范性和一致性。高保真原型虽然可以呈现更逼真细致的设计，但也存在一些缺点，如创建和修改耗

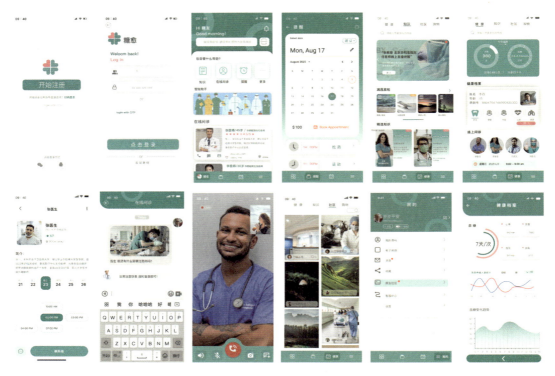

图7-3　学生作品《糖愈》高保真原型　李佳敏

时、资源消耗大、容易陷入细节制作而忽略整体框架流程等。

综上所述，低保真原型和高保真原型各自具有其独特的优势和应用价值，但也需要我们认识到其局限性，在实际应用中加以注意和调整。

7.2　信息产品原型设计工具

原型图设计软件可将设计师的想法转化为可交互的模型，模拟用户与产品的交互，帮助团队理解产品功能和交互逻辑，获取反馈。例如，常用的绘制原型图的工具Figma是一款基于云端的设计工具，支持多人实时协作，方便团队成员之间共享和评论设计。其提供了大量的库和资源，包括字体、颜色、组件和模板等，可以快速构建出精美的原型图。Axure RP是专业的原型设计工具，可以轻松快捷地以鼠标方式创建带有注释的线框图，在线框图上定义简单连接和高级交互，自动生成HTML原型和Word格式的规格，适合用户界面、用户体验设计师使用。

简而言之，原型设计包括一系列保真度，从低到高，设计师根据不同的设计需求，来选择和使用不同的APP原型工具。在交互设计不断更新和完善的今天，原型制作工具也是层出不穷。本文选取了具有代表性的几个工具作为浅析对象，仅供参考。

7.2.1　Figma

（1）简介

Figma是一款基于网页开发的、可实时协作的界面设计工具。其协作性质允许团队同时实时处理项目，这使其成为远程或分布式团队的理想工具选择。Figma强大的矢量编辑和原型设计能力使设计师能够创建详细的线框、模型和交互式原型。它提供了一个广泛的组件库、响应式布局和丰富的插件生态系统，可以简化工作流程并帮助创建良好的设计。

（2）优点

Figma的核心优势是云端存储和在线协作，这使得Figma不受平台系统的限制、不受特定物理设备的限制，支持Windows、macOS等各种操作系统，以及电脑、平板和手机等多种终端设备，所创建的文件可保存至云端，不占用本地内存，可以多设备同步，便于进行实时存储和实时协作。在下载安装上，由于Figma是基于网页开发的，用户无须下载本地安装包，软件插件也是即点即用，无须长时等待和频繁的安装更新。Figma整体界面功能布局合理、体验流畅、学习成本低，并且拥有活跃的用户社区，提供了大量案例和交流平台，适用人群广泛（图7-4）。

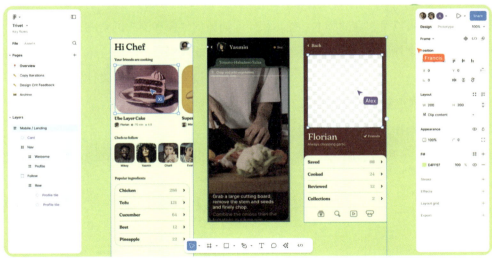

图7-4　Figma官网

（3）缺点

Figma在使用时会受网络环境影响，而且Figma官方并未推出中文版，服务器没有在国内部署，国内用户使用时可能会遇到语言障碍，另外Figma的中文字体支持也是其短板。

7.2.2　Axure RP

（1）简介

Axure是一款专业的快速原型设计工具（图7-5），全称为Axure Rapid Prototyping，可以帮助用户快速创建网页、移动APP、桌面软件等产品的流程图、线框图、交互原型和说明文档等。通过丰富的组件库和拖拽操作，用户可以使用Axure快速构建低保真和高保真的交互原型。Axure能帮助网站或软件设计师通过组件化的方式快速构建带有注释的流程图和线框图，并凭借自定义的可重用元件、动态面板以及丰富的脚本功能，快速创建动态演示文件。

（2）优点

Axure支持创建复杂的交互逻辑，能够模拟真实的用户操作，如点击、滑动、悬停等。通过条件语句和动态面板，可以实现丰富的交互效果。Axure提供了丰富的部件库，用户可以快速拖拽部件来构建界面，提高设计效率。Axure RP支持第三方插件和扩展，可以根据需要扩展其功能和用途。

（3）缺点

Axure交互设计部分功能复杂，学习成本高，相比Figma来说上手难度更大。由于Axure主要依赖本地客户端，在线协作能力较弱，无法像Figma一样支持多人实时在线协作。另外，Axure的界面相对传统，交互设计的可视化呈现不够直观。

7.2.3　Sketch

（1）简介

Sketch是一款专业矢量绘图应用软件（图7-6），由Bohemian Coding团队开发。Sketch发布于2010年，并在2012年获得Apple设计大奖，自发布以来，Sketch凭借简洁的界面和强大的功能，得到许多设计师的喜欢。Sketch广泛应用于网页设计、移动应用设计、桌面软件设计等领域，是界面设计师的常用工具。

（2）优点

Sketch的界面简洁直观，操作逻辑清

图7-5　Axure官网　　　　　　　　图7-6　Sktch官网

晰，功能布局合理，提供了丰富的矢量绘图功能，拥有健全的插件生态系统。Sketch专注于UI和UX设计，剔除了传统矢量编辑软件的冗余功能，运行流畅、启动速度快，尤其适合网页设计、移动应用设计等场景。

（3）缺点

Sketch仅支持MacOS系统，Windows用户无法直接使用，这在一定程度上限制了其普及范围。另外，Sketch的协作功能有限，文件兼容性较弱，对于复杂的交互设计和动画支持不足，需要跨平台协作或复杂交互设计的团队只能考虑其他工具。

7.2.4　POP

POP，全称Prototyping on Paper，是一款简单易用的移动应用原型设计工具，由中国台湾Woomoo团队开发。它可以把用户的手绘草图快速转化为交互式原型，用户只需要在纸上绘制草图，然后用手机拍摄下来，就可以用POP进行连接，变成APP界面在手机上进行模拟操作，从而帮助用户快速验证设计概念。

POP的优点是操作流程简单，能够快速上手，适合早期设计阶段，视觉上保留了手绘草图的风格，可以呈现设计者的初期创意和个人风格。相应的，POP的缺点是功能有限，不适合复杂交互和高保真设计，无法展示视觉设计细节。

7.2.5　Adobe XD

Adobe XD是Adobe创意云套件中功能强大的一体化原型和设计工具。它非常适合熟悉其他Adobe产品的设计师，提供直观的界面以及与Photoshop和Illustrator等工具的无缝衔接。Adobe XD的功能包括高级矢量编辑、响应式调整大小，以及通过微交互创建交互式原型的能力。它还提供了大量UI套件和插件库，以帮助设计师简化工作流程，见图7-7。

7.2.6　Mockplus

Mockplus（摹客）是一款简洁高效的原

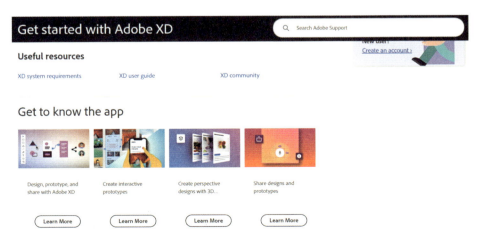

图7-7　Adobe XD官网

型设计工具，专注于一站式的产品设计和协作，适用于产品经理、设计师、开发工程师等角色。Mockplus提供了丰富的组件库和模板，使用户能够快速搭建原型，节省设计时间。此外，它还支持多平台预览（包括Web、iOs、Android等），用户可以在不同设备上进行原型设计和预览。Mockplus的界面直观易用，即使是新手也能快速上手并创建高质量的原型。

Mockplus的优点主要有操作简单、组件图标丰富、多平台支持、协同设计等，但其定制性有限、处理复杂交互逻辑时功能有限，在一些功能设计上仍有提升空间（图7-8）。

7.2.7　墨刀

墨刀是一款面向个人和企业的云端原型设计与协作平台，集白板、原型、设计、协作于一体。该软件操作简单，界面直观，提供有丰富的组件库、图标素材和行业模板，支持AI绘制原型，能够快速生成原型页面和交互组件。此外，它还支持多人实时协作、项目团队管理、标准化设计资产等（图7-9）。

7.2.8　即时设计

即时设计是一款可以进行云编辑的专业UI设计工具，支持多人实时协作，适用于MacOS、Windows等主流操作系统，用

图7-8　摹客官网

图7-9　墨刀官网

户只需打开浏览器即可开始创作。它集成了从原型设计到设计交付的全流程功能，支持导入 Sketch、Figma、XD、Axure 等主流设计文件格式。即时设计提供了丰富的设计资源，包括大厂设计规范、图标库和插画等，可满足多种设计需求。此外，它还支持智能动画、自动布局、响应式调整等功能，能够帮助设计师高效完成高保真交互设计（图7-10）。

总体来说，原型设计工具能够帮助团队快速验证设计概念、高效地进行界面设计和原型制作、优化用户体验和提升协作效率。同时需要注意的是，没有一款工具是万能的，选择最适合当前项目和团队的工具才是关键。

原型设计工具在产品开发初期扮演着至关重要的角色，它们不仅能够低成本地验证产品的可行性和用户体验，还能规避潜在问题，确保产品开发的顺利进行，从基础的草图到线框图，再到可交互的高保真原型，每

个阶段都伴随着不断的测试与验证，从而降低风险并节约成本。

在选择原型设计工具时，需要综合考虑多个方面。首先，界面设计能力不容忽视，包括预设组件和素材的丰富程度以及编辑操作的易用性，这些将直接影响界面绘制的效率与质量。其次，交互设计能力同样重要，好的交互能力应该兼具强大与易用，既要支持复杂丰富的交互效果和组件制作需求，又要确保操作的简单性和高效性。此外，团队协作能力也是选择原型工具时需要考虑的因素，包括多人编辑、团队评审、设计交付等功能，以便团队成员之间的协作更加顺畅。最后，高效易用程度也是不可忽视的一点，选择一款简单易用、学习成本低的工具，能够大大提高原型设计的效率，减少不必要的困扰。

综上所述，选择原型设计工具时，需要根据项目的具体需求、团队的协作方式以及个人的操作习惯来综合考虑。市面上常用

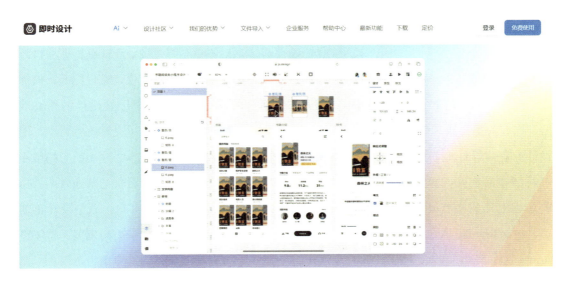

图7-10　即时设计官网

的原型设计工具，各有其特点和适用场景（表7-1）。Figma、Axure、Sketch等工具在功能和协作方面表现出色，适合专业团队使用；而POP、Mockplus、墨刀等工具则以其简单易用的特点，适合新手快速上手和进行早期概念验证。即时设计则以其全中文界面和丰富的功能，成为国内用户的不错选择。无论选择哪种工具，关键在于能够满足当前项目的需求，提升设计效率，确保产品开发的顺利进行。

表7-1　原型设计工具对比

工具名称	主要适用场景	优点	缺点
Figma	高保真设计、团队协作	基于Web，支持多人实时协作；功能强大，插件丰富；跨平台兼容	网络要求高；英文界面
Axure	复杂交互设计、高保真原型	交互功能强大，支持复杂逻辑；丰富的组件库	学习成本高；界面为全英文
Sketch	界面设计	界面简洁，操作直观；插件生态丰富	仅支持macOS系统
POP	快速低保真原型	操作简单，适合快速手绘草图；支持多平台预览	功能有限，仅支持低保真设计
Adobe XD	矢量设计、原型设计	界面简洁，操作流畅；支持Windows和macOS	插件生态略显不足
Mocklus	快速原型设计	界面简单，适合新手；丰富的组件库	功能相对基础，不适合复杂交互
墨刀	快速原型设计	界面友好，适合新手；支持多种场景	功能有限，需联网使用
即时设计	高保真设计	全中文界面，操作便捷；功能丰富，支持多平台	功能深度有待提升

7.3　本章小结

本章系统介绍了交互原型设计的核心概念与主要工具。先介绍了交互原型作为设计验证媒介的重要性，其通过快速可视化呈现设计方案，帮助设计团队在开发前期发现并解决潜在的交互问题。随后重点分析了当前市场上几款原型设计工具的特性和优缺点，包括Figma、Axure RP、Sketch、POP、Adobe XD、Mockplus、墨刀、即时设计等，共同构成原型设计工具矩阵。

通过本章学习，设计者能够根据项目需求，如复杂度、团队规模、交付标准，选择适合的原型工具，掌握原型设计的核心准则：从用户场景出发，以交互流程为本，用可视化手段降低沟通成本，这些能力的培养可以提升设计方案的可行性与落地效率。随着AI辅助设计工具的兴起，原型设计正朝着智能生成、实时协作的方向发展，持续跟进工具演进也是设计师的竞争力之一。